现代创意新思维 DESIGN

十二五高等院校
艺术设计规划教材

SketchUp
+VRay

室内设计

效果图制作

邸锐 编著

U0262293

人民邮电出版社
北京

图书在版编目（CIP）数据

SketchUp+VRay室内设计效果图制作 / 邸锐编著. --
北京：人民邮电出版社，2015.4
现代创意新思维十二五高等院校艺术设计规划教材
ISBN 978-7-115-35618-5

Ⅰ. ①S… Ⅱ. ①邸… Ⅲ. ①室内装饰设计－计算机
辅助设计－图形软件－高等学校－教材 Ⅳ. ①TU238-39

中国版本图书馆CIP数据核字(2014)第105231号

内 容 提 要

本书以 SketchUp 和 VRay 插件为背景编写。全书分为两篇。第一篇为 SketchUp 理论基础篇，包括
计算机效果图概述、SketchUp 制图环境设置、绘图与编辑基础、建模的重点与难点、室内空间建模实
例。第二篇为 SketchUp+ VRay 项目实训篇，包括 VRay 渲染面板及灯光构成、材质详解、现代简约风
格客厅效果图、日景餐厅效果表现等内容。

全书内容丰富，结构清晰，技术参考性强。为方便教师和学生使用，本书在附盘里提供了书中全
部案例的场景文件、材质贴图、光域网等教学资源。

本书可作为室内设计、建筑设计、景观设计、家具设计等专业设计师的学习参考书，更可作为各
大中专院校设计类专业学生的入门参考书。

◆ 编　著　邸　锐
　　责任编辑　王　威
　　责任印制　杨林杰

◆ 人民邮电出版社出版发行　　北京市丰台区成寿寺路 11 号
　　邮编　100164　　电子邮件　315@ptpress.com.cn
　　网址　http://www.ptpress.com.cn
　　雅迪云印（天津）科技有限公司印刷

◆ 开本：787×1092　1/16
　　印张：11.5　　　　　　　　　　2015 年 4 月第 1 版
　　字数：259 千字　　　　　　　　2024 年 8 月天津第 16 次印刷

定价：59.80 元（附光盘）
读者服务热线：(010)81055256　印装质量热线：(010)81055316
反盗版热线：(010)81055315

PREFACE

　　本教材是一本以SketchUp和VRay插件为背景编写的基础入门教材。本教材主要是依据高等教育的培养目标和对职业能力的要求编写的，尽量减少理论部分的知识量，尽可能通过不同的项目实例来介绍软件的强大功能。编写思路清晰，注重循序渐进、图文并茂，繁简得当、训练充分，符合教育教学规律。

　　本教材从高等教育教学的现状和需要出发，突出强调教材的基础性和入门性。可作为室内设计、建筑设计、景观设计、家具设计等专业设计师的学习参考书，更是众多大中专院校设计类专业学生的入门参考书。

　　本教材分为第一篇 SketchUp理论基础篇和第二篇 SketchUp+ VRay项目实训篇。邸锐承担了本书全部章节的编写工作，广东新粤建材有限公司设计总监王磊和培训部主任韦家等对本书进行了审稿并提供了宝贵的建议。

　　本书编者长期从事计算机效果图教学和专业项目实践，有丰富的教学和实践经验，为本书的编写尽了最大的努力。 但由于行业变化快加之编者水平有限，书中难免会有疏漏之处，欢迎广大读者提出宝贵意见。

前言

编者

2014年9月于广州

课 时 分 配

▶ 计算机效果图课程作为空间设计类专业的必修课程，需考虑到与设计理论课程及专业设计课程的衔接。该课程建议安排在一年级第一学期和第二学期，分两个阶段实施。第一阶段为SketchUp+ VRay教学，第二阶段为3ds Max+ VRay教学。总学时控制在120~150学时为宜，课时数可根据学生和教育部门的实际情况适当调整。

▶ 本教材为第一阶段的课程教材，总课时计60学时，教学周计4~5周，分为SketchUp理论基础篇和SketchUp+ VRay项目实训篇。SketchUp理论基础篇为20学时，其中项目实训占10课时；SketchUp+ VRay项目实训篇为40学时，其中项目实训占20课时。

作 者 简 介

▶ 邸锐，讲师，现任教于广州番禺职业技术学院，中国建筑学会室内设计分会会员，主修环境艺术设计及其理论、家具设计及其理论。发表论文7篇，其作品多次获得专业设计及手绘设计奖项，主讲的计算机效果图课程获全国高职高专院校教指委金教鞭奖银奖。

第1篇 SketchUp理论基础篇

第2篇 SketchUp+VRay项目实训篇

第 1 篇 SketchUp理论基础篇

第 1 章 计算机效果图概述

计算机效果图表现是目前设计行业的重要分支，也是设计专业学生需要掌握的专业核心技能之一。本章主要对计算机效果图进行了简要概述，内容包括计算机效果图的制作流程、计算机效果图的风格分类与时间分类、计算机效果图的常用制图软件等内容。

1.1 计算机效果图简介

计算机效果图是借助计算机专业软件制作的设计表现图，它是一种设计语言的表达方式。计算机效果图具有无可比拟的真实感和灵活性，它可以精确地塑造对象，也可以表达不同的艺术效果。计算机效果图的制作，除了需要掌握相应的建筑及室内设计等方面的知识外，更需要相关软件的熟练运用，它是设计师表现其灵感创意的必备工具，也是设计师需要掌握的一项基本专业技能，如图1-1、图1-2所示。

图1-1 书房效果图

图1-2 卧室效果图

目前空间设计行业常用的计算机效果图表现工具包括3ds Max、VRay、Photoshop、SketchUp等软件，常见组合为3ds Max + VRay + Photoshop和SketchUp+ VRay + Photoshop。前者常用于小型空间设计方案演示、项目方案深化与最终表现等，渲染时间偏长。后者常用于设计方案的空间分析与推导、大中型空间设计方案演示等，渲染时间偏短。在计算机效果图制作过程中，3ds Max和SketchUp常用于场景空间的建模工作；VRay作为效果图渲染插件常被应用于材质、灯光等参数的设置；Photoshop常用于效果图的后期制作。

1.2 计算机效果图制作流程

计算机效果图的制作流程通常包括以下几个步骤，如图1-3所示。

（1）分析场景的设计风格与灯光构成，对最终效果有一定的成图意向；

（2）运用3ds Max或SketchUp进行模型制作，并运用模型导入与合并，丰富场景模型；

（3）分析场景材质构成与属性，运用VRay插件进行材质铺贴；

（4）分析场景灯光构成，运用制图软件进行灯光设定，完成效果图氛围的塑造；

（5）调整VRay插件的渲染设置面板，进行测试渲染，并反复调整材质与灯光属性；

（6）调整VRay渲染器中相应的渲染设置面板，并进行成图渲染；

（7）运用Photoshop进行效果图后期处理，完成方案最终效果图。

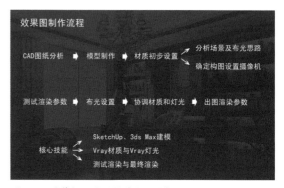

图1-3 计算机效果图制作流程图解

1.3 计算机效果图的分类

（1）按设计风格分类，可分为欧式、中式、现代简约及其他。

欧式（古典欧式、现代欧式、田园欧式等，见图1-4）。

图1-4 欧式风格效果图表现

中式（传统中式、现代中式、新古典主义等，见图1-5）。

图1-5 中式风格效果图表现

现代简约（见图1-6）。

图1-6 现代简约风格效果图表现

其他（地中海、西班牙、巴厘岛、非洲风等）。

（2）按模拟环境描述，一天24小时的日照情况分类，可分为日景、黄昏、夜景。

日景（见图1-7）。

图1-7 客厅日景氛围效果图表现

黄昏（见图1-8、图1-9）。

图1-8 酒店包房黄昏氛围效果图表现　　　　图1-9 休闲吧黄昏氛围效果图表现

夜景（见图1-10、图1-11）。

图1-10 酒店走廊夜景氛围效果图表现　　　　　　　图1-11 酒店包房夜景氛围效果图表现

1.4 常用软件简介

（1） 3ds Max

3ds Max软件是目前世界上最为流行的三维图像处理软件，由美国Discreet公司推出。从最初在DOS系统下运行的3D Studio，发展到现在在Windows系统下的3ds Max，3ds Max一直是世界CG、影视动画的领军者。3ds Max犹如一个大的容器，将建模、渲染、动画、影视后期制作融为一体，为客户提供一个多功能的操作平台，其最优秀最神奇的功能之一是其所支持的外挂模块。从最早期的版本至今，外挂插件也随着3ds Max的发展而不断更新换代，功能操作也更加人性化。

图1-12为3ds Max 2012版本。

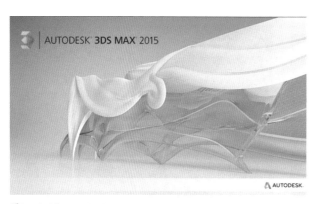

图1-12 3ds Max 2012

（2）SketchUp

SketchUp软件又称草图大师，是一套直接面向空间设计方案创作的设计工具，是一款以全新的理念来创建三维模型的设计工具，官方网站将它比喻作电子设计中的"铅笔"。SketchUp新颖独特的方法使得使用者既可以快速利用草图生成概念模型，也能基于图纸创造出尺寸精准的设计模型。SketchUp可以流畅地与AutoCAD、Archicad、3ds Max、VRay、Piranesi等制图软件进行衔接，设计师既可以更多地关注设计概念构思，也可以在设计工作的各个阶段实时了解到设计的最终效果。SketchUp已经成为建筑设计、景观设计、室内设计等空间设计行业不可缺少的得力助手。

（3）Photoshop

Adobe Photoshop是Adobe公司旗下最为出名的图像处理软件之一，也是目前全球最受欢迎的图像处理软件之一。集图像扫描、编辑修改、图像制作、广告创意、图像输入与输出于一体的图形图像处理软件，深受广大平面设计人员和计算机美术爱好者的喜爱。

（4）VRay

VRay是一款能够运行在多种三维程序环境中的强大渲染插件，此软件在2001年由挪威的ChaosGroup公司开发。虽然在发布此软件时，三维渲染市场中已经有了Lightscape、Mental Ray、FinalRender、Maxwell等渲染器，但VRay仍然凭借其良好的兼容性、易用性和逼真的渲染效果成为渲染界的后起之秀。目前此软件的用户已经远远超过了其他渲染软件的用户。

VRay插件有如下优点。①渲染的真实性。通过简单的操作及参数设定，能得到阴影、材质表现真实的照片级效果图。②适用的全面性。作为插件，VRay目前针对不同的三维制作软件，有不同的版本，包括SketchUp、3ds Max、Maya、Cinema 4D、Rhion、Truespace等，可运用于室内设计、建筑设计、景观规划设计、工业设计和动画设计等各种不同设计领域。③渲染的灵活性。由于参数设定灵活，可根据设计要求有效控制渲染质量与速度，针对不同的设计阶段及要求进行渲染出图。

(5) 其他渲染器简介

① Lightscape。

Lightscape是一种先进的光照模拟和可视化设计系统，用于对三维模型进行精确的光照模拟和灵活方便的可视化设计。Lightscape在推出之时是世界上唯一同时拥有光影跟踪、光能传递和全息技术的渲染软件。它能精确模拟漫反射光线在环境中的传递，获得直接和间接的漫反射光线。使用者不需要积累丰富实际经验就能得到真实自然的设计效果。Lightscape被美国AutoDesk公司收购以后，停止了对Lightscape软件的研究开发。AutoDesk公司将Lightscape 3.2的技术融入到3ds Max软件之中，从此以后Lightscape 3.2软件不再升级，并在无声无息中沉默了下来。

图1-13 Lightscape渲染效果（1）

图1-14 Lightscape渲染效果（2）

② Mental Ray。

Mental Ray是德国的MentalImage公司（NVIDIA公司之全资子公司）的王牌产品，是一个将光线追踪算法推向极致的产品，利用这一渲染器可以实现反射、折射、焦散、全局光照明等效果。Mental Ray在电影领域得到了广泛的应用和认可，为许多电影成功实现了视觉特效，被认为是市场上最高级的三维渲染工具之一。它是除了Pixar RenderMan之外拥有最广泛用户的电影级渲染工具。在《绿巨人》《终结者2》《黑客帝国2》等特效大片中都可以看到它的影子。

图1-15 Mental Ray渲染效果（1）

图1-16 Mental Ray渲染效果（2）

③ Brazil。

Brazil（俗称"巴西"）渲染器是由SplutterFish公司在2001年发布的，其前身为大名鼎鼎的Ghost渲染器。其优秀的全剧照明、强大的光线追踪的反射和折射、逼真的材质和细节处理能力打造了一个渲染器的奇迹。它的效果可以用任何华丽的词汇来形容，达到了影视照片级的效果。但是，Brazil渲染器的弊端是速度太慢，对于一般的用户（动画、CG角色、室内设计和建筑设计等）来说工作效率不高，所以仍未能普及。目前，Brazil渲染器比较流行于工业设计中的产品渲染，此类产品渲染强调质感的表达，而产品本身的模型量不是很大，因此，Brazil渲染器在这一方面是相当出色的。

图1-17 Brazil渲染效果（1）

图1-18 Brazil渲染效果（2）

④ finalRender。

finalRender是著名的插件公司Cebas推出的旗舰产品（finalRender又被称为终极渲染器），它在3ds Max中是作为独立插件的形式存在，在Cinema 4D中则为软件操作雄的默认渲染引擎。finalRender同样也是主流渲染器之一，拥有接近真实的全局渲染能力、优秀的光能传递能力、真实的衰减模式、优秀的反真实渲染能力、饱和特别的色彩系统以及多重真实材质，这些能力及特点使finalRender迅速在渲染插件市场占有重要的一席之地，成为目前主流的渲染器之一。近年来，finalRender在影视方面的巨作有大家熟悉的《冰河世纪》。

图1-19 finalRender渲染效果（1）

图1-20 finalRender渲染效果（2）

⑤ RenderMan。

RenderMan是好莱坞著名的动画公司Pixar所开发的用于电影及视频领域的最强渲染器。RenderMan渲染器在影视CG行业已走过十几载的发展历程，广为好评。RenderMan具有强大的shader功能和抗模糊功能，能够让设计师创造出复杂多变的动作片。同时RenderMan能够渲染出照片级真实的图片，因此在工业界里很受欢迎。但是RenderMan渲染插件需要使用编程来渲染场景，相对比较复杂。但Pixar公司公布了RenderMan ProServer，该软件包是RenderMan 3D渲染软件的升级。新升级的软件为复杂的场景提供了细微的光照效果，并完全用先进的多处理器以新的渲染系统提高渲染能力。Pixar的主席Ed Catmull曾说："所有看过《玩具总动员》的人都会惊讶于Pixar的动画师用RenderMan所创造出的的神奇效果。" RenderMan渲染的效果如图1-21所示。

图1-21 RenderMan渲染效果

⑥ Maxwell。

Maxwell渲染器是Next Limit公司推出的产品。大家可能对Maxwell渲染器感到陌生，但是绝对不会对制作过《机器人历险记》的Real Flow感到陌生，这两款性能优越的软件同出自于Next Limit公司。Maxwell是一个基于真实光线物理特性的全新渲染引擎，按照完全精确的算法和公式来重现光线的行为，拥有先进的Caustics算法，完全真实的运动模型，渲染效果也是相当不错，是渲染插件的生力军。Maxwell的渲染效果如图1-22、图1-23所示。

图1-22 Maxwell渲染效果（1）

图1-23 Maxwell渲染效果（2）

本章小结

本章主要对计算机效果图进行了简要概述，主要包括计算机效果图的制作流程、计算机效果图的风格分类与时间分类、计算机效果图制作的常用制图软件等内容。

知识点：制作流程、常见分类、常用软件。

拓展实训

1. 搜集计算机效果图优秀作品，并进行分类；充分理解计算机效果图常见分类的特点，为后面的计算机效果图制作课程奠定审美基础。

2. 根据本书配套光盘中提供的安装文件，解压后尝试安装SketchUp软件和VRay渲染插件。（提示：VRay渲染插件的系统文件必须安装在SketchUp系统文件子目录下。）

第 2 章　SketchUp制图环境设置

目前，SketchUp已经成为建筑设计、景观设计、室内设计等空间设计行业不可缺少的得力助手，其创造出来的崭新工作模式正在影响并解放每一名设计人员。本章主要介绍了SketchUp软件的发展历程、基本绘图环境，并对绘图过程中常用到的系统属性设置以及模型信息设置等基本操作技能进行了讲解。

课堂学习目标：

1. 了解SketchUp软件的发展历程
2. 了解 SketchUp软件的操作界面构成
3. 了解SketchUp软件的系统设置
4. 了解SketchUp软件的工作界面设定

2.1 关于SketchUp

SketchUp软件又称草图大师，最初于1999年由位于美国科罗拉多州的@Last Software公司开发，是一套直接面向空间设计方案创作的设计工具，是一款以全新的理念来创建三维模型的设计工具，官方网站将它比喻作电子设计中的"铅笔"。SketchUp软件的发展过程也是根据设计工作者的实际需求进行的，同3ds Max等三维设计软件不同，它允许使用者更多的关注设计，而不是注重软件的技术。

2006年，当SketchUp发展到5.0版本的时候，Google公司宣布收购@Last Software公司及其拳头产品SketchUp软件。后历经发展，Google公司先后推出了具有革新意义的7.0和8.0版本。2012年4月，SketchUp软件再次易主，Google公司官方宣布将SketchUp软件出售给Trimble公司。

可以说，SketchUp是一个完全为设计师量身打造的设计软件，其在世界范围内的普及也对设计界的发展产生了深远的影响。SketchUp新颖独特的方法使得使用者既可以快速利用草图生成概念模型，也能基于图纸创造出尺寸精准的设计模型。SketchUp建模系统独有的基于实体和精确定位的特性避免了3ds Max等三维设计软件要求输入种类繁多的指令的缺点，其系统的智能化和简洁性能够方便用户频繁地修改设计，不必在操作上浪费太多的时间。

当然，SketchUp这种操作上的简单性并未降低软件的技术含量，它拥有强大的辅助构思功能和丰富的表现能力。SketchUp可以流畅地与AutoCAD、Archicad、3ds Max、VRay、Piranesi等制图软件进行衔接，设计师既可以更多地关注设计概念构思，也可以在设计工作的各个阶段实时了解到设计的最终效果。

因此，SketchUp已经成为建筑设计、景观设计、室内设计等空间设计行业不可缺少的得力助手，其创造出来的崭新工作模式正在影响并解放每一名设计人员。

2.2 SketchUp操作界面

SketchUp的操作界面非常简洁明快，该软件的操作界面主要由四部分组成：菜单栏、工具栏、状态提示栏和数值输入框。中间空白处是绘图区，绘制的图形将在此处显示，如图2-1所示。

A区：菜单栏。由【文件】【编辑】【查看】【相机】【绘图】【工具】【窗口】和【帮助】8个主菜单所组成。

B区：工具栏。由横、纵两个工具栏所组成，为可开启式工具条，由操作者控制调用与关闭。

C区：状态栏。当光标在软件操作界面上移动时，状态栏中会有相应的文字提示，根据这些提示可以帮助使用者更容易地操作软件。

D区：数值输入框。屏幕右下角的数值输入框可以根据当前的作图情况输入"长度"、"距离"、"角度"、"个数"等相关数值，以起到精确建模的作用。

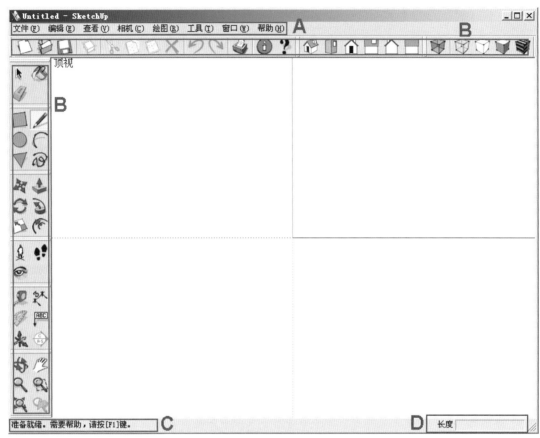

图2-1 操作界面

下面重点介绍工具栏的组成及作用。

1. 【标准】工具栏

【标准】工具栏中都是软件操作的基本功能，主要包括"新建文件"、"打开文件"、"存储文件"、"剪切"、"复制"、"粘贴"、"删除"、"撤销"、"恢复"、"打印"和"帮助"命令，如图2-2所示。

图2-2 【标准】工具栏

2. 【视图】工具栏

在SketchUp软件中，场景模型可以通过【视图】工具栏进行各种视图的切换，以方便操作者对模型进行修改与输出，【视图】工具栏包括"等角透视"、"顶视图"、"前视图"、"右视图"、"后视图"、"左视图"命令，如图2-3所示。

图2-3 【视图】工具栏

3.【风格】工具栏

【风格】工具栏，又称显示模式工具栏，包括"X光模式"、"线框模式"、"消隐模式"、"着色模式、"材质贴图模式"、"单色模式"命令，如图2-4所示。

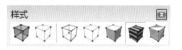

图2-4 【风格】工具栏

图2-5 【图层】工具栏

4.【图层】工具栏

【图层】工具栏主要用于模型的图层管理，包括"设置当前图层"下拉列表和"图层管理"按钮，如图2-5所示。

5.【阴影】工具栏

运用【阴影】工具栏进行简单的日期、时间设定，可以在场景中表现模型的光照和阴影效果，包括"阴影对话框"、"阴影显示切换"以及"日期"、"时间"滑块，如图2-6所示。

图2-6 【阴影】工具栏

6.【截面】工具栏

【截面】工具栏包括"添加剖面"、"显示剖面"及"隐藏剖面"命令，可在图中显示剖面，并按剖面图纸方式输出，如图2-7所示。

图2-7 【截面】工具栏

图2-8 【常用】工具栏

7.【常用】工具栏

【常用】工具栏包括"选取"、"组件"、"赋材质"及"删除"命令，如图2-8所示。

8.【绘图】工具栏

【绘图】工具栏是SketchUp绘制基本图形的主要工具，包括"矩形"、"直线"、"圆形"、"弧线"、"多边形"及"任意曲线"命令，如图2-9所示。

图2-9 【绘图】工具栏

9.【编辑】工具栏

【编辑】工具栏包括"移动"、"复制"、"旋转"、"拉伸"、"放样"、"缩放"、"偏移"命令，可实现对模型的编辑功能，如图2-10所示。

图2-10 【编辑】工具栏

10. 【漫游】工具栏

【漫游】工具栏用于制作漫游动画，调整观察角度，定视点高度以及漫步观察。包括"相机位置"、"漫游"及"绕轴旋转"命令，如图2-11所示。

图2-11 【漫游】工具栏

11. 【构造】工具栏

图2-12 【构造】工具栏

【构造】工具栏主要用于模型的测量与标注，包括"测量/辅助线"、"尺寸标注"、"量角器/辅助线"、"文本标注"、"坐标轴"及"三维文字"命令，如图2-12所示。

12. 【镜头】工具栏

运用【镜头】工具栏中的工具能够方便快捷地观察和切换视图，以便于作图时调整观察角度，提高绘图效率。【镜头】工具栏包括"转动视窗"、"平移视窗"、"缩放视窗"、"窗选"、"上一个视窗"、"下一个视窗"和"充满视窗"命令，如图2-13所示。

图2-13 【镜头】工具栏

13. 【Google】工具栏

图2-14 【Google】工具栏

【Google】工具栏主要包括"取得当前视图"、"地形"、"放置模型"、"获取模型"、"共享模型"命令，主要用于在Google Earth上获取和上传相关资料，以及运用网络获取和上传模型，如图2-14所示。

2.3 SketchUp系统属性

SketchUp同其他软件一样，有供客户端根据计算机的情况进行设定的系统设置，通过对各种参数进行设置可以为设计师的长期绘图提供方便。

▶ 2.3.1 OpenGL

OpenGL的英文全称是Open Graphics Library，意为开放的图形程序接口。SGI公司发布了OpenGL1.0版本后，又与微软公司共同开发了Windows NT版本，从而使一些原来必须在高档图形工作站上运行的大型3D图形处理软件也可以在普通微机上使用。

选择【窗口】【参数设置】命令，即可弹出参数设置对话框，如图2-15所示。

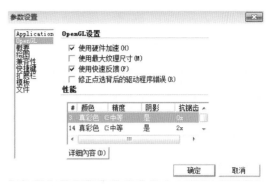

图2-15 参数设置对话框

选择OpenGL选项，其界面中部分参数的含义如下。

（1）"使用硬件加速"复选框：选中该复选框后，SketchUp会利用显卡加速，提高显示速度与质量。

（2）"使用快速反馈"复选框：选中该复选框后，SketchUp可提高显示速度。

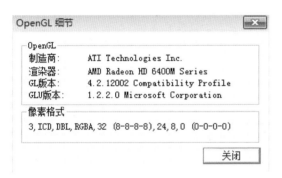

图2-16 OpenGL细节

（3）"修正点选背后的驱动程序错误"复选框：某些显卡驱动存在漏洞，场景中会有漏选现象，则需要选中此复选框修正上述错误。

（4）"详细内容"按钮：单击该按钮后，将弹出OpenGL细节对话框，显示带有OpenGL的资料，如图2-16所示。

> **注意**　如果工具栏不能正常使用或者渲染出错，可能是计算机显卡不能100%兼容OpenGL，取消选中"参数设置"对话框中的"使用硬件加速"复选框即可正常运转。

▶ 2.3.2 快捷键

SketchUP系统有默认的快捷键设定，例如移动命令的快捷键是M。其他快捷键的设置也可在如图2-17所示的对话框中进行设定。

图2-17 快捷键的设定

▶ 2.3.3 扩展栏

SketchUP在扩展功能方面，主要包括"Ruby脚本示例"、"图层管理工具栏"、"海洋建模"、"suAPP建筑插件"及"实用程序工具"等，如图2-18所示。

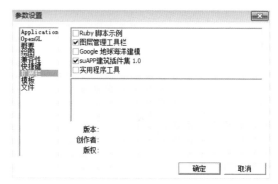

图2-18 SketchUP扩展功能

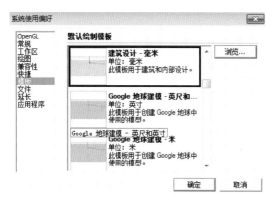

图2-19 SketchUP模板选择

▶ 2.3.4 模板

模板是指系统默认的打开软件时绘图所采用的格式样板，包含单位和角度表示法等参数设置。SketchUP提供了多种模板，如图2-19所示。通常情况下，设计师更习惯于选择以毫米为单位的建筑设计模板进行效果图绘制。

2.4 SketchUp工作界面

SketchUp模型信息主要用于软件的工作界面的设定，包括尺寸标注、文本标注以及统计等实用功能的设定，本节将对选择模型信息工具的几项重要内容进行介绍。

▶ 2.4.1 统计信息

统计信息功能除对文件内的模型进行统计以外，重要的是可以清理未使用的组件、材质和图层等对象，以减少模型文件的大小。选择【窗口】【模型信息】命令，弹出【模型信息】对话框即可进行设置，如图2-20所示。

图2-20 统计信息功能对话框

图2-21 地理位置对话框

▶ 2.4.2 地理位置

SketchUp根据项目具体的地理位置来表现真实的阴影及光照关系，其细化了中国区域内的省市级坐标位置，如图2-21所示。

▶ 2.4.3 尺寸

尺寸设置选项用于设定文字、标注引线和尺寸标注样式等选项。在绘图场景中可以事先设定这些选项，也可以使用"更新"功能进行修改，如图2-22所示。

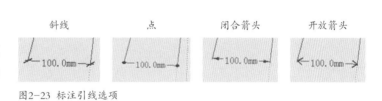

图2-22 尺寸对话框

在引线样式中有"斜线"、"点"、"闭合箭头"、"开放箭头"四个选项，如图2-23所示。

斜线　　　点　　　闭合箭头　　　开放箭头

图2-23 标注引线选项

在尺寸样式中有"对齐到屏幕"和"对齐到尺寸线"两个选项，显示效果如图2-24、图2-25所示。

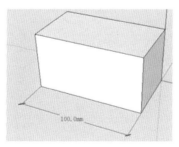

图2-24 对齐到屏幕

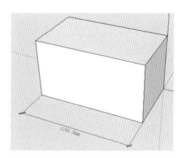

图2-25 对齐到尺寸线

▶ 2.4.4 文本

文本对话框包括“屏幕文本”、“引线文本”、“引线”三个选项，文本标注的箭头形式、文字大小等都可以在文本设置界面进行设定或统一更改，如图2-26所示。

“屏幕文本”参数用于在模型中添加设置3D文字；

“引线文本”参数用于设置场景中的文本样式；

“引线”参数用于设置文本标注的引线样式。

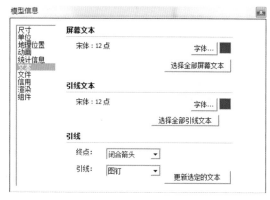

图2-26 文本对话框

▶ 2.4.5 单位

SketchUp在默认的情况下是以美制“英寸”为绘图单位的。这就需要将系统的绘图单位改为我国规范中的要求，以公制“毫米”为主单位，具体操作如下。

在【长度单位】选项区域中，将【格式】改为“十进制”，并以“毫米”为最小单位；将【精确度】改为“0.0mm”，如图2-27所示。

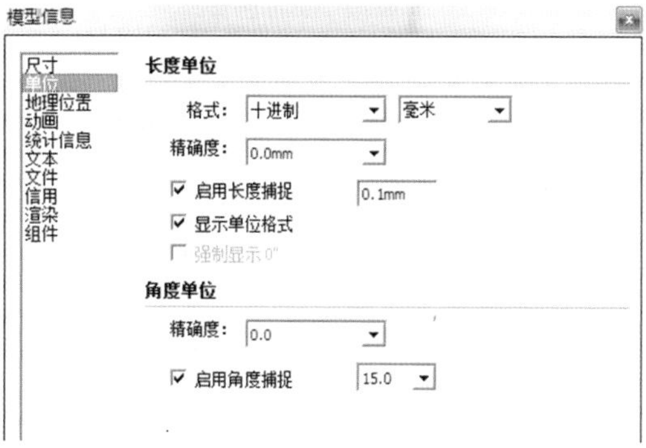

图2-27 单位对话框

注意 角度单位不用设置，国外与国内都是统一使用“度”为单位。

本章小结

发展历程	@LastSoftware→Google→Trimble
操作界面	菜单栏、工具栏、状态栏、数值输入框
系统设置	OpenGL、快捷键、扩展栏、模板
工作界面	统计信息、地理位置、尺寸、文本、单位

拓展实训

1. 设置默认制图模板单位为"建筑设计-毫米",并将工作界面的单位调整为"十进制"、"毫米",将精确度改为"0.0mm"。

2. 将场景的地理位置设置为"北京市海淀区"。

3. 将工作界面的引线样式设置为"斜线",尺寸样式设置为"对齐到屏幕"。

4. 将屏幕文本设置为"黑体12号字体",引线文本设置为"幼圆18号字体"。

第 3 章　SketchUp绘图与编辑基础

　　本章主要介绍SketchUp软件的绘图和编辑方面的操作基础。通过本章的学习，充分理解SketchUp软件简洁的视图切换、显示设定、阴影设置、图层设定、对象选取等软件操作技能，并学习使用SketchUp软件基本的绘图工具和编辑修改工具。

课堂学习目标：

1. 掌握SketchUp切换视图的类型及方法
2. 掌握SketchUp透视方式的选择与应用
3. 掌握SketchUp显示风格的设置方法
4. 掌握SketchUp阴影的设置方法
5. 掌握SketchUp物体的选择方法
6. 掌握SketchUp的图层管理知识
7. 掌握SketchUp坐标系的设定方法
8. 掌握SketchUp常用的绘图工具
9. 掌握SketchUp常用的编辑工具
10. 掌握SketchUp常用的辅助绘图工具

3.1 切换视图

　　计算机的屏幕是平面的，但是建立的模型是三维的。在建筑制图中常用"平面图"、"立面图"、"剖面图"组合起来表达设计的三维构思。在3ds Max这样的三维设计软件中，通常用3个平面视口加上1个三维视口来作图，这样的好处是直接明了，但是会消耗大量的系统资源。SketchUp能显示三维及各个方向的视图，不但编辑非常方便，而且可以输出成为不同的图纸，如图3-1所示。

图3-1 【视图】工具栏

　　【视图】工具栏中有6个按钮，从左到右依次是【等角透视】【顶视图】【前视图】【右视图】【后视图】和【左视图】。在作图的过程中，只要单击【视图】工具栏中相应的按钮，SketchUp将自动切换到对应的视图中，如图3-2至图3-5所示。

图3-2 透视图

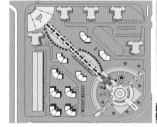

图3-3 顶视图（平面图）

图3-4 左视图（立面图）

图3-5 前视图（立面图）

注意　　由于计算机屏幕观察模型的局限性，为了达到三维精确作图的目的，必须转换到最精确的视图来操作。真正的设计师往往会根据需要即时地调整视图到最佳状态，这时对模型的操作才准确。

SketchUp有多种透视方式可选，选择【相机】命令即可看到透视选项，系统自动提供了"平行投影显示"、"透视显示"和"两点透视"三种透视方式。

▶ 3.2.1 平行投影显示

如果选择"平行投影显示"命令，那么除透视图之外的所有视图都能以不带透视的方式显示，可作为平面、立面的图纸，如图3-6、图3-7及图3-8所示。

图3-6 顶视图查看得到顶视图

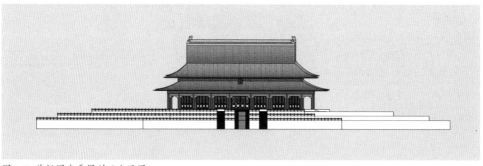

图3-7 前视图查看得到正立面图

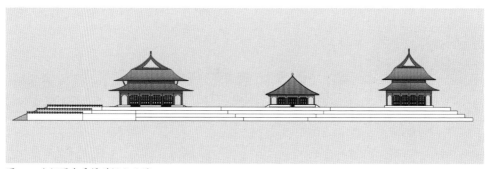

图3-8 右视图查看得到侧立面图

▶ 3.2.2 轴测图、透视图和两点透视图

由于设计需要，设计师有时需要输出不同透视需求的效果图或图纸。只需将模型调整至"等角透视"，再选择透视方式即可完成。

如果选择"平行投影显示"，将得到轴测图的显示效果图，如图3-9所示。

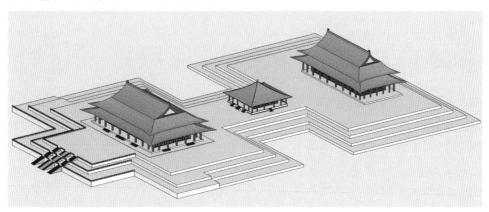

图3-9 平行投影显示——轴测图

如果选择"透视显示"，将得到透视图，如图3-10所示。

图3-10 透视显示——默认透视图

如果选择"两点透视"，将得到两点透视图，如图3-11所示。

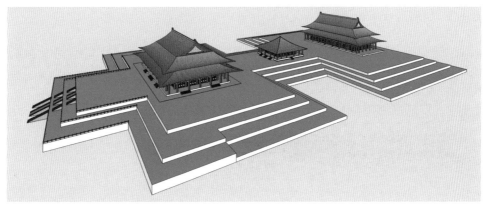

图3-11 两点透视——两点透视图

SketchUp软件可根据设定将模型显示成不同的风格出图，包括各类显示模式、各类纸张材质、笔触和表现形式等，这也是SketchUp的特点和优势。

▶ 3.3.1 显示模式

做室内设计时，周围都有闭合的墙体。如果要观察室内的构造，就需要隐去一部分墙体，但隐藏墙体后不利于房间整个效果的观察。有些计算机的硬件配置较低，需要经常切换"线框"模式与"实体显示"模式。而这些问题在SketchUp中都得到了很好的解决。

SketchUp提供了一个【显示模式】工具栏。此工具栏共有5个按钮，分别代表了对模型常用的5种显示模式，如图3-12所示。这5个选项的功能从左到右依次是【X光模式】【线框】【消隐】【着色】及【材质与贴图】。SketchUp默认情况下选用的是【着色】模式。

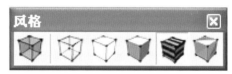

图3-12 【显示模式】工具栏

【X光模式】按钮的功能是使场景中所有的物体都是透明的，就像用"X光"照射的一样。在此模式下，可以在不隐藏任何物体的情况下非常方便地查看模型内部的构造，如图3-13所示。

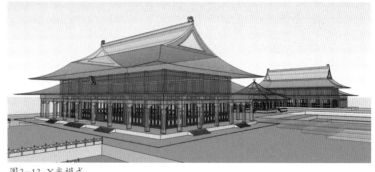

图3-13 X光模式

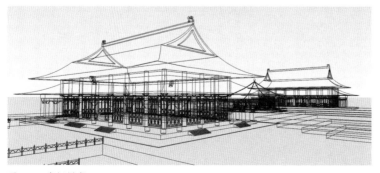

图3-14 线框模式

【线框】按钮的功能是将场景中的所有物体以线框的方式显示。在这种模式下场景中模型的材质、贴图、面都是失效的，但此模式下的显示速度非常快，如图3-14所示。

【消隐】按钮的功能是在【线框】的基础上将被挡在后部的物体隐去，以达到"消隐"的目的。此模式更加有空间感，但是由于在后面的物体被消隐，所以无法观测到模型的内部，如图3-15所示。

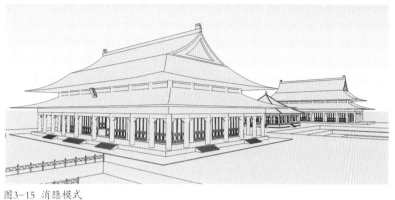

图3-15 消隐模式

图3-16 着色模式

【着色】按钮的功能是在【消隐】的基础上将模型的表面用颜色来表示。这种模式是SketchUp默认的显示模式，在没有指定表面颜色的情况下系统用黄色来表示正面，用蓝色表示反面。关于正反面的问题，在本书后面讲解建模时会有更加详细的介绍，如图3-16所示。

【材质与贴图】按钮的功能是在场景中的模型被赋予材质后，可以显示出材质与贴图的效果。如果模型没有材质，此按钮无效，如图3-17所示。

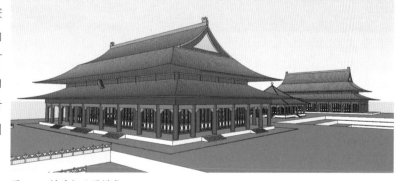

图3-17 材质与贴图模式

注意 对于这5种显示模式，要针对具体情况进行选择。在绘制室内设计图时，由于需要看到内部的空间结构，可以考虑用【X光模式】；绘制建筑方案时，在图形没有完成的情况下可以使用【着色】，这时显示的速度会快一些；图形完成后可以使用【材质与贴图】来查看整体效果。

选择【查看】【边线类型】命令，再选择相应的子命令，就能选择相应的边线类型，系统默认的命令有"显示边线"、"轮廓线"、"深粗线"和"延长线"。

（1）显示边线

如果未选择"显示边线"命令，那么模型是以面的形式来显示的，效果如图3-18所示。

图3-18 未显示边线

图3-19 显示边线

如果选择了"显示边线"命令，那么模型在面的基础上有边线显示出来，一般系统默认是显示边线的，效果如图3-19所示。

（2）轮廓线

如果选择"轮廓线"命令，那么系统将以较粗的线条显示模型的轮廓，如图3-20所示。

图3-20 显示轮廓线

（3）深粗线

如果选择"深粗线"命令，那么系统将会对场景模型的边线进行强调，如图3-21所示。

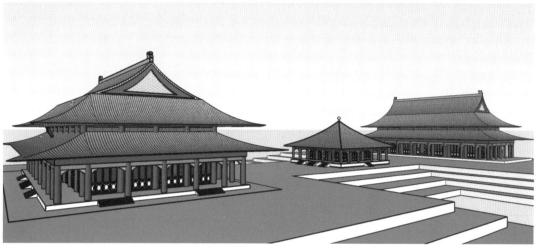

图3-21 显示深粗线

（4）延长线

如果选择"延长线"命令，那么模型的边线将以延长线的形式出现，该选项可以和其他选项同时选取。这只是一种显示风格，不会影响模型线段的真实长度和绘图过程中的捕捉，如图3-22所示。

图3-22 显示延长线

▶ 3.3.3 显示风格

在SketchUp中，风格设置的功能对手绘线条的设定更加细致。系统还自带了一些风格，如纸张风格、水印风格、白板风格和帆布风格等。另外，背景天空和地面的色彩，都可以在风格对话框中进行设定。

选择【窗口】【风格】命令，即可弹出【风格】对话框。切换到"编辑"选项卡，如图3-23所示，在此可以对线条的属性进行设置。

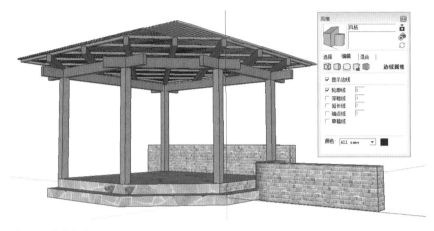

图3-23 常用选项

（1）延长线

选中"延长线"复选框，可以在线段结尾处加长，模拟手绘笔画，如图3-24所示。

图3-24 选中"延长线"复选框

（2）端点线

选中"端点线"复选框，可模仿手绘风格，如图3-25所示。

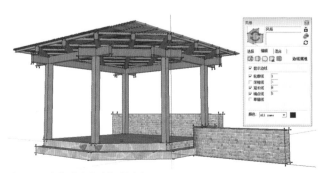

图3-25 选中"端点线"复选框

（3）选中"草稿线"复选框，那么线条有抖动和变化的效果，但是不影响绘图和捕捉。该复选框通常和"延长线"复选框一起选中，能表现手绘风格，如图3-26所示。

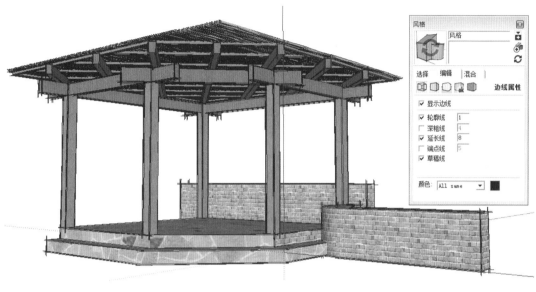

图3-26 选中"草稿线"复选框

（4）天空、地面的显示与选择

在【风格】对话框的"编辑"选项卡中可以对天空和地面的颜色与显示进行设定，如图3-27所示。

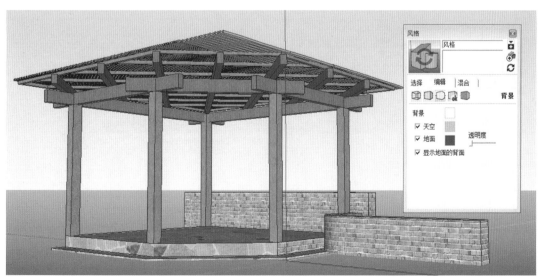

图3-27 天空和地面颜色的显示与选择

（5）风格

自SketchUp 6.0版本开始，SketchUp新增了风格设置的功能，设计师可以套用各种风格对模型进行显示；之后SketchUp让这一功能更加丰富和实用，如具有纸张风格、水印风格、白板风格和帆布风格等特殊的风格效果出现在软件当中。

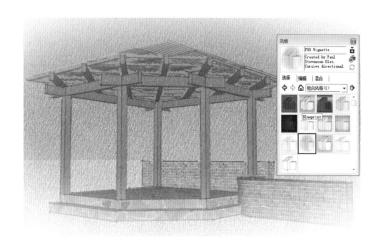

图3-29 风格举例

选择【窗口】【风格】命令，在弹出的对话框中单击"选择"选项卡，即可切换至对风格的选择界面，如图3-28所示。单击"风格"选项中的任意一种风格，即可以实时显示在模型场景当中，如图3-29、图3-30及图3-31所示。

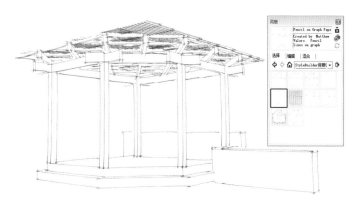

图3-30 风格举例

图3-28 风格选项

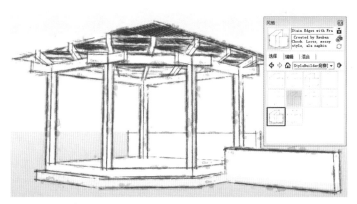

图3-31 风格举例

（6）水印设置

由于设计需要，设计师可以运用水印设置。在出图时，图纸背面可以显示指定的水印图案或公司标识。

选择【窗口】【风格】命令，在弹出的对话框中选择"编辑"选项卡，单击水印标识按钮，即可切换至水印编辑界面，如图3-32所示。若添加新的水印文件，则在添加图标上单击，在弹出的对话框中选择路径和相应的图形文件，按提示步骤操作完即可成水印的添加，如图3-33所示。

图3-32 水印编辑界面

图3-33 添加水印效果

3.4 阴影的设置

在SketchUp中阴影的设置虽然很简单，但是功能并不弱，甚至在SketchUp中还能制作阴影的动画。

对于阴影的设置主要有两项：一是时间段，二是强度。SketchUp在默认的情况下没有显示【阴影】工具栏，所以需要首先启动此工具栏。具体操作如下。

（1）选择【窗口】【阴影】命令，弹出【阴影】工具栏，如图3-34所示。

（2）在【阴影】工具栏中，左侧两个按钮的功能分别是【阴影设置】和【阴影显示切换】。后面两个滑块的功能分别是调整阳光照射的日期与具体的时间。

（3）单击【阴影】工具栏中的【阴影设置】按钮，会弹出【阴影设置】对话框，如图3-35所示。

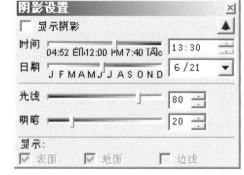

图3-34 【阴影】工具栏

图3-35 【阴影设置】对话框

（4）如果选中【阴影设置】对话框中的【显示阴影】复选框，则在场景中显示阴影，反之则不显示阴影，如图3-36、图3-37所示。

图3-36 未显示阴影效果

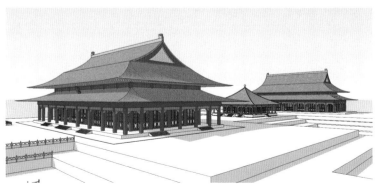

图3-37 显示阴影效果

（5）【阴影设置】对话框中的【时间】与【日期】这两个滑块的功能与【阴影】工具栏中的滑块是一致的，都是调整生成阴影当天的具体时间。

（6）【光线】滑块最左侧的数值是0，最右侧的数值是100。【光线】的数值越小，则太阳光的强度越弱；【光线】的数值越大，则太阳光的强度越强。

（7）【明暗】滑块最左侧的数值是0，最右侧的数值是100。【明暗】的数值越小，则背光的暗部越暗；【明暗】的数值越大，则背光的暗部越亮。

> **注意**　　选中【显示阴影】复选框对计算机硬件要求较高，在一般作图时，不要选中【显示阴影】复选框，否则会消耗掉大量的系统资源，作图速度会受到影响。最后的成果图，不论是输出效果图还是动画，都需要用逼真的阴影来烘托建筑模型。

▶ 3.4.2 物体的投影与受影设置

在作效果图时，场景中的有些次要构件或非重要的形体如果留下阴影，则会影响主体建筑的形态，这时可以考虑不让这些物体留下阴影或在主体建筑上不接受来自这些物体的阴影。这就是SketchUp中阴影设置的一个特殊环节，即物体的投影与受影设置。

如图3-38所示，场景中有3个物体，从上往下依次是三棱柱、圆柱和长方体。在阳光的照射下，出现如图所示的3处阴影。下面通过去掉场景中三棱柱在圆柱上的投影，来说明在SketchUp中如何对物体设置"投影"与"受影"的阴影关系。

去掉投影有两种方法：一是在受影面上不接受投影；二是去掉由于遮挡阳光产生投影物体的投影选项。

第一种方法的具体操作如下。

（1）选择圆柱，保证圆柱处于被选择状态。单击鼠标右键，弹出【实体信息】对话框，如图3-39所示。

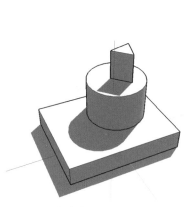

图3-38　阴影关系

图3-39　【实体信息】对话框

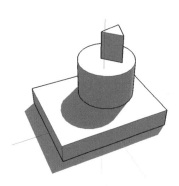

图3-40　去掉三棱柱在圆柱上的投影

（2）在对话框中取消选中【受影】复选框，关闭对话框，则场景中圆柱顶面已经没有来自三棱柱的阴影显示了，如图3-40所示。

第二种方法的具体操作如下。

（1）选择三棱柱，并保证三棱柱处于被选择状态，单击鼠标右键，弹出【实体信息】对话框。

（2）在对话框中取消选中【投影】复选框，关闭对话框，则场景中圆柱顶面已经没有来自三棱柱的阴影显示了。

▶ 3.4.3 雾化

选择【窗口】【雾化】命令，弹出【雾化】工具栏，即可对雾效进行控制。未开启雾效和开启雾效后的效果如图3-41、图3-42所示。

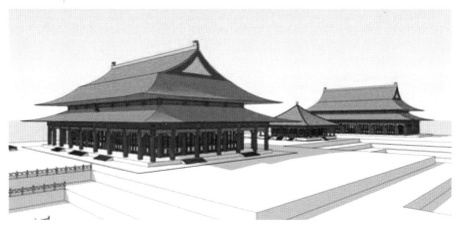

图3-41　未开启雾效

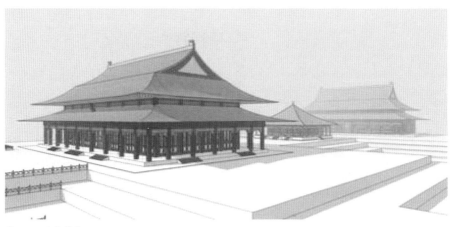

图3-42　开启雾效

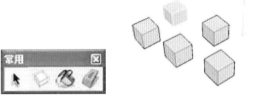

3.5 物体的选择

在SketchUp中，通常的作图模式是先选择物体，再进行后续设计。而在三维软件中，由于多了个Z轴向的高度，选择物体往往比在二维软件中操作要难一些，所以读者应耐心细致地进行物体选择，一旦选择出错，就无法往下进行操作了。

▶ 3.5.1 一般选择

在SketchUp中，选择物体统一使用工具栏中的【选择】按钮。选择物体的具体操作如下（如图3-43所示）。

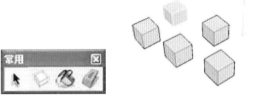

图3-43 加亮显示被选择的物体

（1）单击工具栏中的【选择】按钮，此时屏幕上的光标将变成一个"箭头"。

（2）用鼠标左键单击选择屏幕中的物体，被选中的物体用黄色加亮显示。

（3）按住Ctrl键不放，屏幕上的光标变成 ，此时再单击其他物体，可以增加到选择集合中。

（4）按住Shift键不放，屏幕上的光标变成 ，此时再单击未选中的物体，可以增加到选择集合中；单击已选中的物体，则可从选择集合中减去。

（5）同时按住Ctrl键与Shift键不放，屏幕上的光标变成 ，此时单击已选中的物体，则将此物体从选择集合中减去。

（6）在已经有物体被选择的情况下，单击屏幕空白处，则取消所有的选择。

（7）在发出选择指令后，使用Ctrl+A组合键，可以选择屏幕上所有显示的物体。

▶ 3.5.2 框选与叉选

框选是单击工具栏中的【选择】按钮后，用鼠标从屏幕的左侧到屏幕的右侧拉出一个框，这个框是实线框，只有被这个框完全框进去的物体才被选择，如图3-44、图3-45所示。

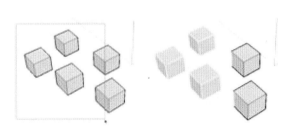

图3-44 框选   图3-45 框选的物体

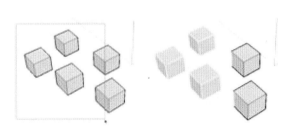

叉选是单击工具栏中的【选择】
按钮后，用鼠标从屏幕的右侧到屏幕
的左侧拉出一个框，这个框是虚线
框，凡是与这个框有接触的物体都被
选择，如图3-46、图3-47所示。

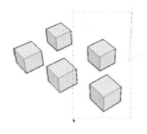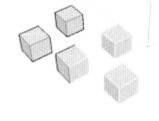

图3-46 叉选　　　　　　　　图3-47 叉选的物体

▶ 3.5.3 扩展选择

在SketchUp中，模型是以"面"为单位建立的，具体的建模思路在本书后面将会介绍。

如果用鼠标单击一个面，则这个面处于选择状态，会用黄色加亮显示；如果快速双击这个
面，则与这个面相关联的边线都会被选择；如果快速地三击这个面，则与这个面所有关联的物
体都会被选择，如图3-48所示。

对于关联物体的选择，
还可以在选择一个面后，右
击所选择的面，选择【选择】
命令，然后相应地选择【关联
边线】【关联的面】【所有关
联】【同一图层上的物体】或
【同一材质上的物体】命令来
选择需要的物体与物体集合，
如图3-49所示。

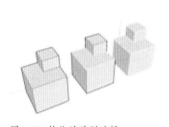

图3-48 物体的关联选择　　　　图3-49 选择的右键菜单

3.6 图层管理

SketchUp的图层功能用来管理图形文件。【图层】工具栏并不常用，如果需要使用"图
层管理"功能，就要打开【图层】工具栏。具体操作如下。

（1）选择【查看】【工具栏】【图层】命令，弹出【图层】工具栏，如图3-50所示。

（2）【图层】工具栏由两个部分组成，一个是左侧的图层列表，单击黑色的向下箭头，会自动列出当前场景中所有的图层。另一个是右侧的【图层管理】按钮，单击此按钮会弹出【图层】对话框。选择【窗口】【图层】命令，同样也可以弹出【图层】对话框。在对图层进行操作时，添加、删除图层一般在【图层】对话框中操作，而切换当前的绘图图层可直接在图层下拉列表框中选择。

图3-50 【图层】工具栏　　　图3-51 【图层】对话框

在SketchUp中，系统默认自建了一个"图层0"。如果不新建其他图层，所有的图形将被放置于"图层0"中。"图层0"不能被删除，不能改名。如果系统中只有"图层0"一个图层，该图层也不能被隐藏。如果场景比较小，可以使用单图层绘图，这种情况也比较常见，这个单图层就是"图层0"，如图3-51所示。

如果场景较复杂，需要用图层分门别类地管理图形文件，则需要使用【图层】对话框来进行图层管理。具体操作如下。

（1）在【图层】对话框中，单击【加入】按钮，将所增加的图层添加到当前场景之中，如图3-52所示。

注意　添加图层的原则是按绘图要素的分类来新增图层，一个图层就是一种图形类别。

（2）双击已经有的图层名称，可以更改图层名。

（3）单击图层名，再单击【删除】按钮，可以删除没有图形文件的图层。如果图层中有图形文件，删除图层时会弹出【删除含有物体的图层】对话框，可以根据具体需要来选择，如图3-53所示。

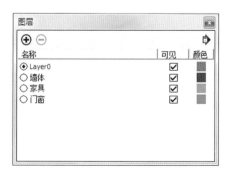

图3-52 添加图层

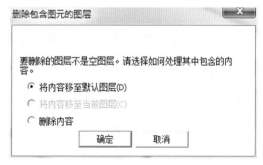

图3-53 【删除含有物体的图层】对话框

如果在场景中有多个图层时，其中必定有一个当前图层，而且只有一个当前图层。所有绘制的图形将被放置在当前图层中。当前图层的标志就是在图层名前有一个小黑点。如果需要切换当前图层，在【图层】对话框中单击图层名前的小圆圈即可，也可以使用【图层】工具栏中的图层下拉列表框直接切换，如图3-54所示。

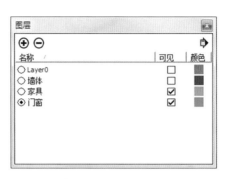

图3-54 使用图层列表切换图层　　图3-55 隐藏图层

管理图层的一个关键方法就是对图层的显示与隐藏的操作。为了对同一类别的图形对象进行快速操作，如赋予材质、整体移动等，这时可以将其他类别的图形隐藏起来，而只显示此时需要操作的图形。如果已经按照图形的类别进行了分类，那么就可以用图层的显示与隐藏来快速完成了。隐藏图层只需要取消选中该图层中的【显示】列中的复选框，如图3-55所示。

在大型场景的建模过程中，特别是小区设计、景观设计、城市设计中，由于图形对象较多，应详细地对图形进行分类，并依次创建图层，以方便后面的作图与图形的修饰。而在单体建筑设计与室内设计中，图形相对较简单，此时不需要使用图层管理，使用默认的"图层0"绘图即可。

3.1 坐标系

与其他三维建筑设计软件一样，SketchUp也使用坐标系来辅助绘图。启动SketchUp后，会发现屏幕中有一个三色的坐标轴。绿色的坐标轴代表"X轴向"，红色的坐标轴代表"Y轴向"，蓝色的坐标轴代表"Z轴向"，其中实线轴为坐标轴正方向，虚线轴为坐标轴负方向。

根据设计师的需要，可以将默认的坐标轴的原点、轴向进行更改，如图3-56、图3-57所示。具体操作如下。

（1）单击工具栏中的【坐标轴】按钮，发出重新定义系统坐标的命令，可以看到此时屏幕中的鼠标指针变成了一个坐标轴。

（2）移动鼠标到需要重新定义的坐标原点，单击鼠标左键，完成原点的定位。

（3）移动鼠标到红色的Y轴需要的方向位置，单击鼠标左键，完成Y轴的定位。

（4）再移动鼠标到绿色的X轴需要的方向位置，单击鼠标左键，完成X轴的定位。

（5）此时可以看到屏幕中的坐标系已经被重新定义了。

图3-56 坐标轴向   图3-57 鼠标指针的变化

如果想在绘图时出现下图所示的用于辅助定位的XYZ轴定位光标，就像在AutoCAD中绘图时的屏幕光标一样，可以使用以下方法来开启（如图3-58、图3-59所示）。

（1）选择【窗口】【参数设置】命令，在弹出的【系统属性】对话框中选择【绘图】选项。

图3-58 辅助定位的十字光标   图3-59 【系统属性】对话框中的【绘图】选项

（2）在【绘图】选项区域中，选中【显示十字光标】复选框即可。

3.8 绘制图形

在SketchUp中，所有模型的建立都是先用绘图工具绘制平面二维图形，然后使用编辑工具将二维图形拉伸或放样成三维模型的。因此，需要掌握绘图工具条中的每个绘图工具的使用。

选择【查看】【工具栏】【绘图】命令，即可弹出SketchUp绘图工具条，主要包括直线、弧线、不规则线、矩形、圆形和多边形六个基本工具，如图3-60所示。

图3-60 绘图工具条

▶ 3.8.1 直线

在SketchUp中，线是最小的建模单位，线与线在同一个平面上组合成面，面与面在三维空间中构建成体。线工具可以完成任意直线、指定长度直线和指定端点直线的绘制，还可以绘制成面、分隔面和修复面。

1. 绘制任意或指定长度的直线

单击直线工具或选择【绘图】【线】命令；或直接在键盘输入快捷键L，在屏幕需要确定线条起点的位置单击鼠标左键，然后沿一定方向拖动鼠标。此时会发现，当绘制的线与某个坐标轴平行时，会出现相应的文字提示（如图3-61所示），在需要结束的位置单击鼠标左键，即可绘制任意长度的直线。

在绘制直线过程中，直接在屏幕右下方的数值控制区中输入线段的长度数值，按Enter键确认，即可绘制指定长度的直线，如图3-62所示。

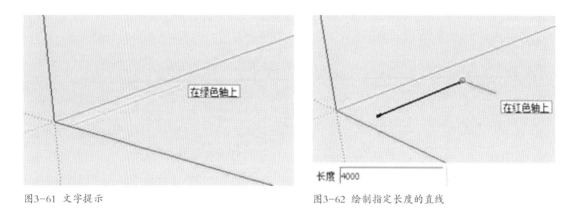

图3-61 文字提示　　　　　　　　　　　　　　图3-62 绘制指定长度的直线

2. 捕捉点的直线

SketchUp绘图过程中会自动显示端点捕捉、中点捕捉、交叉点捕捉、平行的从点捕捉等文字提示。根据文字提示，单击鼠标左键即可确定线的端点，如图3-63所示。

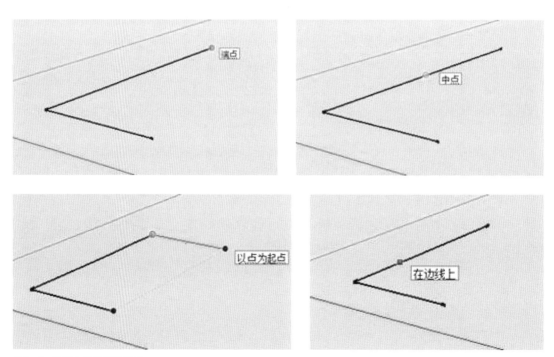

图3-63 绘制直线的捕捉提示

3. 绘制成面

首尾相连的线在同一个平面中封闭，就会生成一个面，如图3-64所示。当构成面的其中一条线被删除时，这个面也就不存在了。

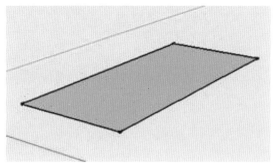

图3-64 由线形成面

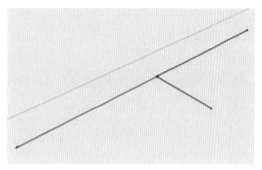

图3-65 线分割线段

4. 分割线段和面

SketchUp中，默认两点之间为线，在原有线条上绘制新的线条可以起到分割作用。在原有直线基础上绘制一条与之相交的线，则原有直线被分割成了两条直线，如图3-65所示。如果在已有的面上绘制直线，则可以将原有的面进行分割。

5. 线的等分与延长

（1）等分

选择线段，单击鼠标右键，在弹出的快捷菜单中选择【拆分】命令。线上面即会出现多个红色的点，随着鼠标的左右移动，红色的点也会有疏密的变化，并且会有分成几段的文字提示，这时在数值控制栏中直接输入等分的线段数，按Enter键即可完成线段等分，如图3-66所示。

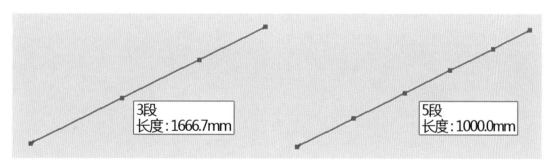

图3-66 等分线段

（2）延长与剪切

在SketchUp软件中没有专门的延长与修剪工具。当直线与弧面或平面形成交叉需要剪切或者延伸时，选择相应的线段，单击鼠标右键，在弹出的快捷菜单中选择【剪切至最近】命令，即可对屏幕模型实施剪切，如图3-67所示。

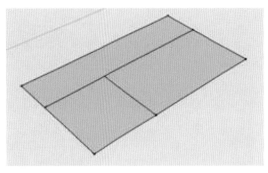 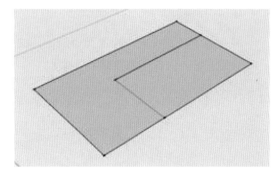

图3-67 剪切模型

【延长至最近】的使用方法同【剪切至最近】命令相同，在弹出的快捷菜单中选择【延长至最近】命令即可执行。

▶ 3.8.2 弧线

弧线的绘制方法是通过三点确定圆弧，在绘图中常会涉及以下操作。

（1）弧线

单击【弧线】按钮或选择【绘图】【弧】命令，还可以直接输入快捷键A，即可开始绘制弧线了。在屏幕需要确定起点的地方绘制一条弧线，在圆弧相应的方向上拖曳鼠标，也可以通过数值控制框直接输入矢高尺寸，即可绘制弧线，如图3-68所示。

（2）半圆

绘制弧线时，当鼠标旁边出现文字提示为"半圆"时，单击鼠标即可绘制半圆，如图3-69所示。

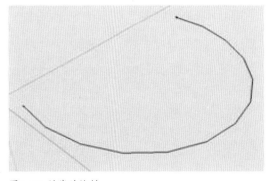 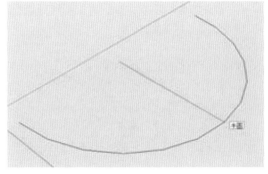

图3-68 弧线的绘制　　　　　　　　　　　　　　　图3-69 半圆弧线的绘制

（3）弧线的平滑

在SketchUp中，所有的弧线均以直线构成，系统都有默认的弧线的片段数，如果弧线的片段数太小，则弧线会出现不平滑的现象。此时可以通过修改设置使其正常显示，操作方法如下：执行弧线命令，直接输入片段数"6"，按Enter键确认，此时屏幕弧线以相应的片段数显示，如图3-70所示。

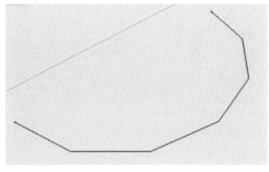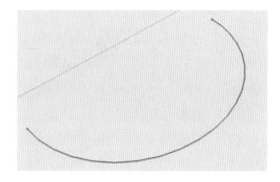

图3-70 片段数为6和20的弧线

▶ 3.8.3 不规则线

不规则线工具可以绘制模型中的异形轮廓，如图3-71所示。单击【不规则线】命令，在屏幕需要确定起点的位置按住鼠标左键，在屏幕上以不规则的路线拖动鼠标即可绘制不规则线，绘制完成后释放鼠标即可。

图3-71 不规则线绘图

▶ 3.8.4 矩形

（1）任意矩形

矩形的绘制通过两个角点来确定，操作如下。单击【矩形】命令，在屏幕需要确定线起点的位置单击，确定矩形的第一个角点。沿一定的方向拖曳鼠标，单击鼠标确认第二个角点的位置，即可完成矩形的绘制。

（2）定值矩形

整个坐标体系分为绝对坐标和相对坐标。绝对坐标是某点在绘图空间中距离原点的坐标，这样的坐标模式在绘制具体的图形时很难计算清楚。相对坐标是指某点相对于刚才一点的坐标，它能精确确定两点之间的距离，是矩形绘制时默认的坐标输入方式。

在执行绘制矩形命令并确定第一点后，在数值控制区中输入"数值1，数值2"，即相对横坐标（矩形的长边）在前，相对纵坐标（矩形的宽边）在后，中间用逗号隔开，即可完成矩形的绘制，如图3-72为800*1200的定值矩形绘制。

（3）黄金比例矩形

SketchUp软件可以自动运算得出黄金分割矩形的另一个角点位置，并以文字进行提示，确定后即可直接绘制黄金比例的矩形，如图3-73所示。

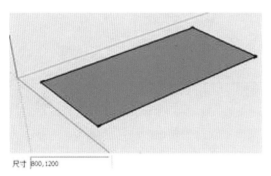

图3-72 800*1200矩形

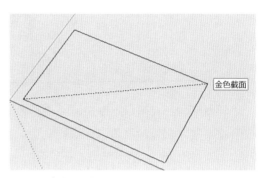

图3-73 黄金分割提示

▶ 3.8.5 圆形

使用绘图工具完成圆形的绘制后，可通过对显示边数的设定，绘制多边形，还可以通过删除面来绘制圆线。

（1）定值圆形

单击【圆形】命令，指定圆心位置，确定半径（也可在数值对话框内输入半径数值），然后单击鼠标确定，即可绘制定值圆形，如图3-74所示。

（2）设定边的圆形（多边形）

执行绘制圆形命令，还未确定圆心时，在数值控制区会显示"边24"，这是系统默认设置。如需修改边数，直接输入想要的数值即可。如想绘制五边形，则直接输入"5"，按Enter键确认，则绘制出的为五边形，如图3-75所示。

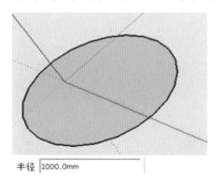

图3-74 半径为1000的圆

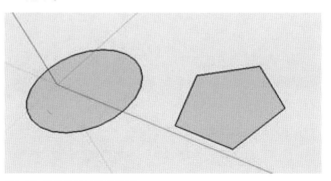

图3-75 半径为1000的五边形

▶ 3.8.6 多边形

单击【多边形】命令，在数值控制区中输入多边形边数，然后拉出长度即可（与圆形改变边数绘制出的多边形有所区分），如图3-76所示。

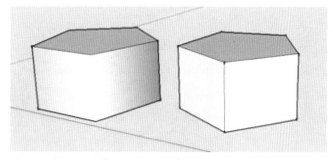

图3-76 圆形工具与多边形工具绘制多边形的区别

3.9 编辑图形

选择【查看】【工具栏】【编辑】命令，即可弹出SketchUp编辑工具条，如图3-77所示。

图3-77 编辑工具条

▶ 3.9.1 移动工具

移动工具可以移动、拉伸和复制几何体，也可以用来旋转组件。

（1）任意移动

首先，用【选择】工具指定要移动的元素或物体，激活【移动】工具，单击确定移动的起点。然后移动鼠标，当鼠标捕捉到相应的位置时再次单击，以确定移动后的位置。

（2）定距移动

在执行【移动】命令时，确认物体上的第一个参照点后，数值控制框会显示移动的距离长度（长度值单位采用参数设置对话框中的单位标签里设置的默认单位），我们可以在数值对话框中指定准确的移动距离，输入负值（如-350mm）表示向鼠标移动的反方向移动物体，按回车键确定。

（3）复制

复制命令在SketchUp软件的工具条中没有显示出来，具体的操作步骤如下。

首先，用【选择】工具选中要复制的实体，并激活【移动】工具。在进行移动操作之前按住Ctrl键，此时鼠标光标出现+号。然后在原有物体上单击，确定移动基点，再按照需要复制物体的方向移动鼠标。也可在数值控制区直接输入数值并按回车键确认，实现确定距离的单个复制，如图3-78所示。

图3-78 定距复制单个物体

（4）线性阵列（多重复制）

阵列命令在SketchUp软件的工具条中同样没有显示出来，具体的操作步骤如下。

首先按上面节点（3）的方法复制一个副本。复制之后，输入一个复制份数来创建多个副本。例如，输入 5×（或*5）就会复制5份。另外，你也可以输入一个等分值来等分副本到原物体之间的距离。例如，输入 5/（或 /5）会在原物体和副本之间创建5个副本。在进行其他操作之前，我们可以持续输入复制的份数以及复制的距离，如图3-79所示。

图3-79 完成植物的矩形阵列

（5）拉伸

在SketchUp软件中完成对线、面的拉伸也是通过移动工具来实现的。当移动几何体上的一个元素时，SketchUp会按需要对几何体进行拉伸。

选择要拉伸的图形，单击【移动】工具，移动边线，会使与边线相关的两个面发生改变，如图3-80所示。移动面，会使该面所处的位置以及其他相关面都发生变化，如图3-81所示。

图3-80 移动线　　　　　　　　　　　　　　图3-81 移动面

▶ 3.9.2 推/拉工具

推/拉工具是SketchUp软件中非常有特色的命令，可以用来移动、挤压、结合和减去表面。不管是进行体块研究还是精确建模，都是非常有用的。

 　　推/拉工具只能作用于表面，因此不能在线框显示模式下工作。

（1）使用推/拉

激活推/拉工具后，有两种使用方法可以选择。

a. 在表面上按住鼠标左键，拖曳，松开。

b. 在表面上单击，移动鼠标，再单击确定。

推/拉值会在数值控制框中显示。你可以在推拉的过程中或推拉之后输入精确的推拉值进行修改。在进行其他操作之前可以一直更新数值。你也可以输入负值，表示往当前的反方向推/拉，如图3-82所示。

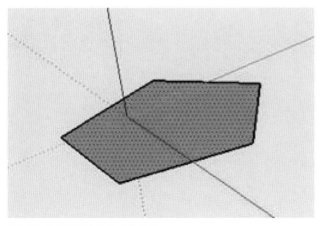

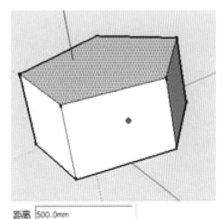

图3-82 执行推拉命令生成多边体

完成一个推/拉操作后，可以通过双击鼠标左键对其他物体进行同样推/拉数值的操作。

（2）用推/拉来挖空

如果在一个几何体上画了一个闭合形体，用推/拉工具往实体内部推，可以挖出凹洞；如果几何体前后表面相互平行，当推拉后出现"在面"的文字提示时可以将几何体完全挖空。SketchUp会减去挖掉的部分，重新整理三维物体，从而挖出一个空洞，如图3-83所示。

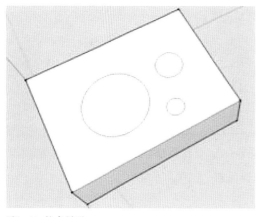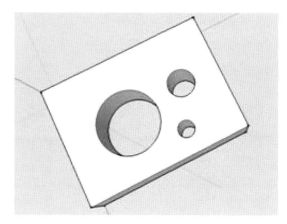

图3-83 挖空模型

（3）对推/拉的复制

如果在草图阶段，可用简单的多个推/拉来表示复制后的形状。具体操作如下。

执行【推/拉】命令，按住Ctrl键，此时鼠标光标上会出现一个+号，表示复制。输入推拉数值，按Enter键确定，即可复制推/拉，连续执行可以连续复制，如图3-84所示。

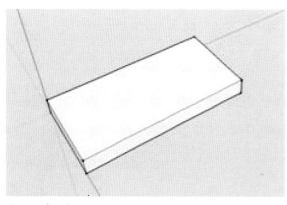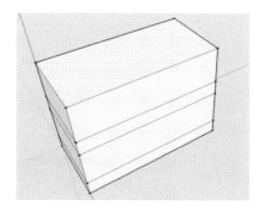

图3-84 复制推/拉

▶ 3.9.3 旋转工具

【旋转】工具可以在同一旋转平面上旋转物体中的元素，也可以旋转单个或多个物体。如果是旋转某个物体的一部分，旋转工具可以将该物体拉伸或扭曲。

（1）旋转几何体

首先，选择要旋转的物体，激活【旋转】工具，在模型中移动鼠标，光标处会出现"量角器"样式，可以将其对齐到边线和表面上。可以按住Shift键来锁定量角器的平面定位，在旋转的轴点上单击放置量角器。

然后，单击旋转的起点，移动鼠标开始旋转。如果开启了参数设置中的角度捕捉功能，会发现在量角器范围内移动鼠标时有角度捕捉的效果，光标远离量角器时就可以自由旋转。旋转到需要的角度后，单击鼠标完成旋转，也可以输入精确的角度单击Enter键完成操作，如图3-85所示。

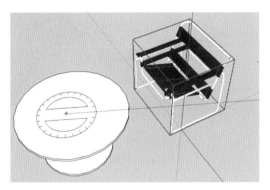 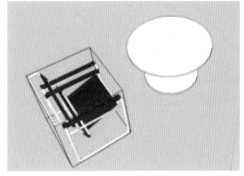

图3-85 旋转物体

| 注意 | 旋转的中心点位置非常重要，通常分为物体自身旋转和绕轴旋转两种。 |

（2）旋转拉伸和自动折叠

当只选择物体的一部分时，旋转工具也可以用来拉伸几何体。如果旋转会导致一个表面被扭曲或变成非平面时，将激活SketchUp的自动折叠功能，如图3-86所示。

图3-86 物体的旋转拉伸

（3）旋转复制

同移动工具一样，在执行旋转操作前按住Ctrl键可以进行旋转复制。

（4）环形阵列

用旋转工具复制好一个副本后，你还可以用多重复制来创建环形阵列。同线性阵列一样，可以在数值控制框中输入复制份数或等分数。例如，旋转复制后输入"5x"或"*5"表示复制5份。使用等分符号，如"5/"，你也可以复制5份，但他们将等分原物体和第一个副本之间的旋转角度，如图3-87所示。

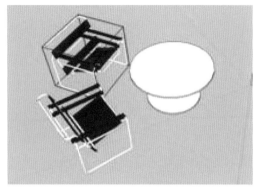

图3-87　圆形阵列

▶ 3.9.4 放样工具（路径跟随）

放样是SketchUp软件中从二维图形向三维建模转化的主要工具。

（1）放样线路径

首先确定需要修改的几何体的边线。这个边线称作"路径"。绘制一个沿路径放样的剖面，并确定此剖面与路径垂直相交（如图3-88所示）。

然后选择面的边线作为放样路径，从工具菜单里选择【放样】命令。移动鼠标沿路径修改。在SketchUp中，沿模型移动指针时，边线会变成红色（如图3-88所示）。为了使放样工具在正确的位置开始，在放样开始时，必须单击邻近剖面的路径。否则，放样工具会在边线上挤压，而不是从剖面到边线。到达路径的尽头时，单击鼠标，执行放样命令，如图3-88所示。

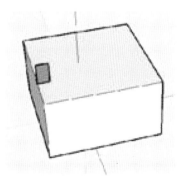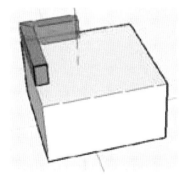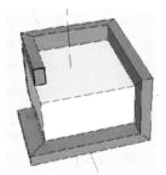

图3-88　放样线路径

（2）放样面路径

最简单和最精确的放样方法，是自动选择路径。使用放样工具自动沿某个面路径挤压另一个面，步骤如下。

①确定需要修改的几何体的边线，这个边线就叫"路径"。

②绘制一个沿路径放样的剖面，确定此剖面与路径垂直相交。

③在工具菜单中选择放样工具，按住Alt键，单击剖面。

④从剖面上把指针移到将要修改的表面，路径将会自动闭合，如图3-89所示。

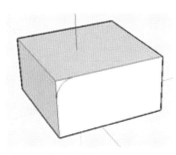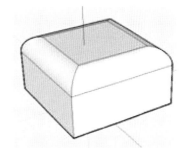

图3-89 放样面路径

> **注意** 如果路径是由某个面的边线组成，可以选择该面，然后放样工具自动沿面的边线放样。

（3）创造旋转面

使用放样工具沿圆路径创造旋转面，步骤如下。

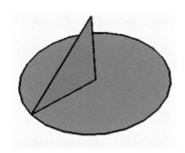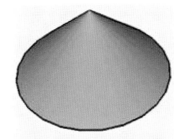

①绘制一个圆，圆的边线作为路径。

②绘制一个垂直圆的表面，该面不需要与圆路径相交。

③使用以上方法沿圆路径放样，如图3-90所示。

图3-90 创建旋转面

▶ 3.9.5 比例工具

比例工具可以缩放或拉伸选中的物体。比例工具既可以进行等比缩放，也可以进行不等比缩放。另外，SketchUp中没有镜像命令，镜像需要通过反方向的比例命令来完成。

（1）比例缩放

首先选中要进行比例调整的物体。单击工具条中的【比例】命令，二维图形控制框为8个控制点，三维图形控制框为26个控制点，而比例控制主要通过对控制框的调节来完成，如图3-91所示。

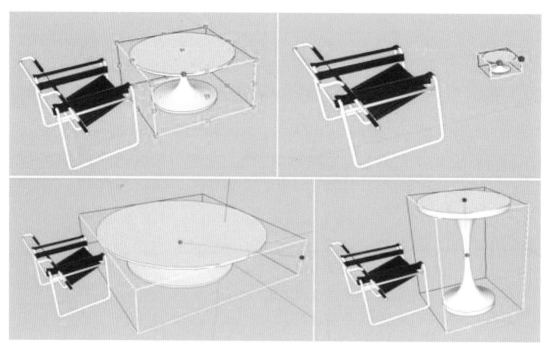

图3-91 物体的比例缩放（缩放控制框、对角夹点缩放、边线夹点缩放、表面夹点缩放）

我们可以选择相应的夹点来指定缩放的类型。

①对角夹点。对角夹点可以沿所选几何体的对角方向缩放。默认行为是等比缩放，在数值控制框中显示一个缩放比例或尺寸。

②边线夹点。边线夹点同时在所选几何体的对边的两个方向上进行缩放。默认行为是非等比缩放，物体将变形。数值控制框中会显示两个用逗号隔开的数值。

③表面夹点。表面夹点沿着垂直面的方向在一个方向上进行缩放。默认行为是非等比缩放，物体将变形。数值控制框中显示和接受输入一个数值。

（2）镜像

在SketchUp中，比例工具通过往负方向拖曳缩放夹点，可以用来创建几何体镜像。注意缩放比例会显示为负值（如-1，-1.5，-2），还可以输入负值的缩放比例和尺寸长度来创建物体镜像。

▶ 3.9.6 偏移工具

偏移工具可以对表面或一组共面的线进行偏移复制。你可以将表面边线偏移复制到原表面的内侧或外侧，偏移之后会产生新的表面。

（1）面的偏移

首先选中需要偏移的表面（一次只能给偏移工具选择一个面），并激活【偏移】命令，单击鼠标左键后将鼠标拖向需要进行偏移的方向。然后在数值对话框输入偏移距离，单击Enter回车键，创建出偏移多边形，如图3-92所示。

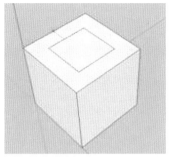
图3-92 面的偏移

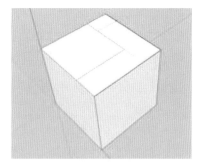
图3-93 线的偏移

（2）线的偏移

我们可以选择一组相连的共面的线来进行偏移，操作如下。

首先选中要偏移的线（必须选择两条以上的相连的线，所有的线必须处于同一平面上，可以用Ctrl键或 Shift键来进行扩展选择），激活偏移工具，单击鼠标左键后将鼠标拖向需要进行偏移的方向。然后在数值对话框输入偏移距离，单击Enter回车键，创建出偏移多边形，如图3-93所示。

注意　　　　当你对圆弧进行偏移时，偏移的圆弧会降级为曲线，将不能按圆弧的定义对其进行编辑。

3.10 辅助绘图工具

SketchUp有6个基本的辅助绘图工具，即辅助测量线、尺寸标注、辅助量角器、文字标注、坐标轴和3D文字，如图3-94所示。

图3-94 辅助工具条

▶ 3.10.1 辅助测量线

测量工具可以执行一系列与尺寸相关的操作。包括测量两点间的距离，创建辅助线以辅助制图等。

（1）测量距离

首先，激活【测量】工具。单击测量距离的起点，可以用参考提示确认点取了正确的点。鼠标会拖出一条临时的"测量带"线。测量带类似于参考线，当平行于坐标轴时会改变颜色。当移动鼠标时，数值控制框会动态显示"测量带"的长度。再次单击确定测量的终点。最后测得的距离会显示在数值控制框中，如图3-95所示。

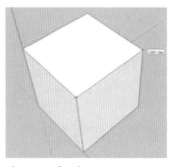
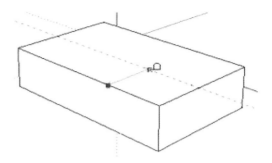

图3-95 测量距离　　　　　　　　图3-96 创建辅助线

（2）创建辅助线和辅助点

辅助线在绘图时非常有用，可以用工具在参考元素上单击，然后拖出辅助线。例如，从"在边线上"的参考开始，可以创建一条平行于该边线的无限长的辅助线。从端点或中点开始，会创建一条端点带有十字符号的辅助线段。激活【测量】工具，在要放置平行辅助线的线段上单击，然后移动鼠标到放置辅助线的位置，再次单击完成创建辅助线，如图3-96所示。

▶ 3.10.2 量角器工具

量角器工具可以用来测量角度和创建辅助线。

（1）测量角度

首先，激活【量角器】工具，出现一个量角器（默认对齐红/绿轴平面），中心位于光标处。（当在模型中移动光标时，会发现量角器会根据旁边的坐标轴和几何体而改变自身的定位方向。我们可以按住Shift键来锁定自己需要的量角器定位方向，另外按住Shift键也会避免创建出辅助线。）

然后把量角器的中心设在要测量的角的顶点上，拖动鼠标旋转量角器，捕捉要测量的角的第二条边。光标处会出现一条绕量角器旋转的点式辅助线，再次单击完成角度测量，角度值会显示在数值控制框中，如图3-97所示。

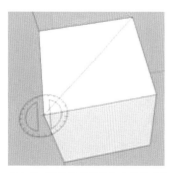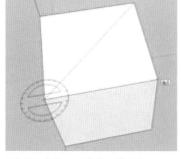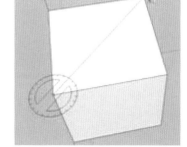

图3-97 测量角度的操作（确定顶点、确定第一条边、确定第二条边）

（2）创建角度辅助线

首先，激活【量角器】工具，捕捉辅助线将经过的角的顶点，单击放置量角器的中心。在已有的线段或边线上单击，将量角器的基线对齐到已有的线上，此时会出现一条新的辅助线。移动光标到相应的位置，通过数值控制框输入角度，单击Enter回车键完成角度辅助线的创建。

▶ 3.10.3 尺寸标注工具

SketchUp中的尺寸标注是基于3D模型的，边线和点都可用于放置标注。适合的标注点包括：端点、中点、边线上的点、交点以及圆或圆弧的圆心。进行标注时，有时可能需要旋转模型以让标注处于需要表达的平面上。所有标注的全局设置可以在参数设置对话框中的尺寸标注标签中进行，如图3-98所示。

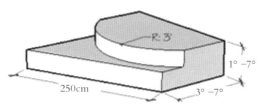

图3-98 尺寸标注

（1）放置线性标注

激活【尺寸标注】工具，单击要标注的两个端点，然后移动光标拖出标注，再次单击鼠标确定标注的位置。要对一条边线进行标注，也可以直接点取这条边线。

线性标注也可以放在某个空间平面上，包括当前的坐标平面（红/绿轴、红/蓝轴、蓝/绿轴）或者对齐到标注的边线上。半径和直径的标注则被限制在圆或圆弧所在的平面上，只能在这个平面上移动。

（2）半径/直径标注

在模型中放置半径标注：激活【尺寸标注】工具，单击要标注的圆弧实体，移动光标拖出标注，再次单击确定位置。

在模型中放置直径标注：激活【尺寸标注】工具，单击要标注的圆实体，移动光标拖出标注，再次单击确定位置。

直径转为半径，半径转为直径：要让直径标注和半径标注互换，可以在标注上右击鼠标，选择【类型】【半径/直径】，进行设置。

▶ 3.10.4 文字工具

文字工具主要用来插入文字到模型中。SketchUp中，主要有两类文字，即引注文字和屏幕文字，如图3-99所示。

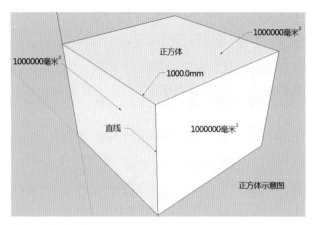

图3-99 文字标注

（1）放置引注文字

具体步骤：激活【文字标注】工具，并在实体上（表面、边线、顶点、组件、群组等）单击，指定引线所指的点；然后，单击放置文字，在文字输入框中输入注释文字；按两次回车或单击文字输入框的外侧完成输入。任何时候按Esc键都可以取消操作。

附着的引注文字：文字可以不需要引线而直接放置在SketchUp的实体上，使用【文字标注】工具在需要的点上双击鼠标就可以，引线将被自动隐藏。

文字引线：引线有两种主要的样式——基于视图和三维固定。基于视图的引线会保持与屏幕的对齐关系。三维固定的引线会随着视图的改变而和模型一起旋转。可以在参数设置对话框的文字标签中指定引线类型。

（2）放置屏幕文字

具体步骤：激活【文字标注】工具并在屏幕的空白处单击，在出现的文字输入框中输入注释文字，按两次回车或单击文字输入框的外侧完成输入。屏幕文字在屏幕上的位置是固定的，不受视图改变的影响。

编辑文字：用文字工具或选择工具在文字上双击即可编辑，也可以在文字上右击鼠标弹出关联菜单，再选择【编辑文字】。

（3）文字设置

用文字工具创建的文字都是在参数设置对话框的文字标签中进行设置。这里包括引线类型、引线端点符号、字体类型和颜色等。

▶ 3.10.5 三维文字

输入三维文字，可以在场景中生成平面、立体以及可以单独控制3D高低的文字。

（1）输入三维文字

首先，单击【文字】工具，此时鼠标光标会变成一个四向光标，并弹出【放置三维文本】

对话框，依次对对话框中的每一个选项进行设定（如图3-100所示），并放置在场景中相应的位置（效果如图3-101所示）。

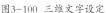

图3-100　三维文字设定

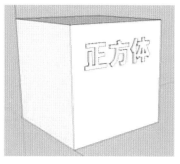

图3-101　放置三维文字

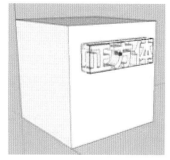

图3-102　修改三维文字

（2）修改三维文字

三维文字的高度、大小可以通过缩放功能来实现整体的缩放，如图3-102所示。如果要对三维文字进行单个修改，就需要对文字进行【炸开】操作，然后对单个文字进行调整。

▶ 3.10.6　隐藏、显示

（1）隐藏。在选中物体的情况下，单击鼠标右键，在弹出的快捷菜单中选择【隐藏】【隐藏所选边】或【隐藏所选面】命令，就可以实现相关的操作。

（2）显示。选择【编辑】/【取消隐藏】命令，在弹出的快捷菜单中选择【全部】命令，可对物体进行显示。

本章小结

切换视图	等角透视、顶视图、前视图、右视图、后视图、左视图
透视方式	平行投影显示、透视显示、两点透视
显示设定	显示模式、边线类型、显示风格
阴影设置	阴影的设置、物体的投影与受影设置
物体选择	一般选择、框选与差选、扩展选择
绘制图形	直线、圆弧、圆形、矩形、多边形、不规则线
编辑图形	移动、旋转、推拉、比例、放样、偏移
辅助绘图	辅助测量线、量角器、尺寸标注、文字标注、三维文字、隐藏与显示

拓展实训

1. 分别绘制5000mm直线、2000mm×4000 mm矩形、半径为1500mm圆形及半径为

1800mm的六边形，完成效果如图3-103所示。

2. 移动复制四个上一步创建的半径1500mm的圆形，并将第一个圆形放大1.2倍，第二个圆形保持不变，第三个圆形缩小一倍，第四个圆形缩小两倍，完成效果如图3-104所示。

3. 旋转复制36个上一步创建的5000mm直线，旋转基点为直线的其中一个端点，旋转角度10度，完成效果如图3-105所示。

4. 运用推/拉工具将2000mm×4000 mm矩形向上推拉2000mm，然后将顶面向内偏移500mm，再向上推拉1000mm，完成效果如图3-106所示。

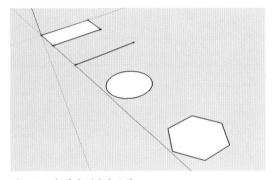

图3-103 拓展实训完成效果

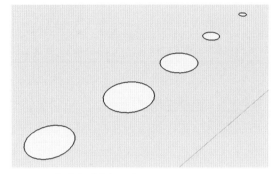

图3-104 拓展实训完成效果

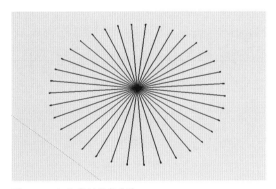

图3-105 拓展实训完成效果

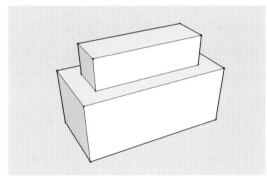

图3-106 拓展实训完成效果

第 4 章 SketchUp建模的重点与难点

本章主要介绍SketchUp软件的群组与组件、材质填充、剖面显示、漫游动画、布尔运算等建模知识点。灵活掌握这些知识点是做好设计的基础，同时也是掌握SketchUp建模技术的重点和难点。

课堂学习目标：

① 掌握SketchUp群组及组件的设置方法
② 掌握SketchUp填充工具的使用方法
③ 掌握SketchUp剖面的设置与显示方法
④ 掌握SketchUp常用漫游动画的设置方法
⑤ 掌握SketchUp基本的布尔运算建模方法

4.1 群组及组件

群组和组件在SketchUp中占有重要的地位，它们的加入不仅便于模型间的操作，同时还能规范化管理场景中的同一元素。这两种命令都能使多个对象组合成一个新的对象集合，并可以进行组层级的操作。很多读者对群组和组件的概念理解十分模糊，下面我们将分别对这两种命令进行剖析。

▶ 4.1.1 群组

在SketchUp的建模过程中，由于软件的面体概念，很容易让相连的线或面产生关联，最好的解决办法是让相关的物体组成一个组合，即群组。

（1）创建/取消群组

如果需要创建群组，只要选中所有需要加入群组的物体，单击鼠标右键，在弹出的快捷菜单中选择【创建群组】命令即可，如图4-1所示。

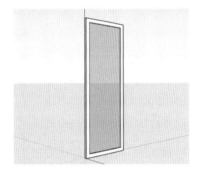 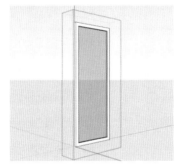 

图4-1 创建群组命令　　　图4-2 编辑群组模型　　　图4-3 锁定群组模型

创建完群组以后，选取群组的模型将成为一个整体，若需要对其内部进行编辑，则需要双击鼠标左键，如图4-2所示。

群组的取消和群组的建立一样，非常方便。选中群组模型后单击鼠标右键，在弹出的快捷菜单中选择【炸开】命令，即可取消群组。

（2）锁定/解锁群组

锁定的群组，不能够进行任何修改操作，在设计时，可将一些确认无误的模型进行锁定，以免设计时受到干扰。选择需要锁定的群组，单击鼠标右键，在弹出的快捷菜单中选择【锁定】命令，即可锁定群组。锁定群组后，被选中的群组的外框将以大红色显示，如图4-3所示。

如果需要对被锁定的群组进行解锁，只要先选择被锁定的群组，单击鼠标右键，在弹出的快捷菜单中选择【解锁】命令，即可解除群组的锁定。

（3）编辑群组

在设计时，有时需要从群组中移出物体，即编辑群组，其操作比较简单。

双击群组进入编辑状态，选取需要移出的物体后，按键盘的Ctrl+X组合键，剪切选中的物体。然后在群组外需要放置此物体的位置单击鼠标左键，确定位置，按Ctrl+V组合键，即可以将物体成功移出群组，如图4-4所示。

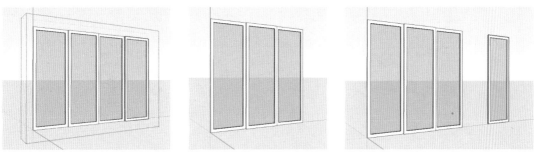

图4-4 剪切群组模型中的一扇门并移出

不同文件之间的群组可以通过复制、粘贴的方式相互引用。

▶ 4.1.2 组件

组件和群组类似，都是一个或多个物体的集合。组件可以输出后缀为".skp"的SU文件，在任何文件中以组件形式调用。组件之间有关联特性，组件自身的坐系，可以方便地对齐表面或物体。

（1）选择组件

选择【窗口】/【组件】命令，在打开的组件对话框中可以实现对组件的运用。SketchUp软件自带了一些常用的组件，如建筑中常用到的行人、树木和车辆等，如图4-5所示。

图4-5 组件对话框

图4-6 搜索组件

SketchUp的功能之一就是组件库的运用，它可以使软件直接连接到网络模型库，搜索任何需要的组件，如图4-6所示。

（2）创建组件

选中模型，单击鼠标右键，在弹出的快捷菜单中选择【创建组件】命令，弹出【创建组件】对话框。

如果选中【总是面向相机】复选框，那么插入后的组件始终对齐到视图，以面向相机的方向显示，不受视图变更的影响。二维图形如需要定义组件，就要勾选此项功能，如图4-7所示。

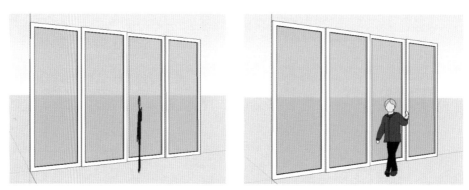

图4-7 启用"总是面向相机"复选框与未启用"总是面向相机"复选框

完成组件的创建后，在组件管理器中可以找到刚刚创建的组件。

（3）添加组件库

在SketchUp软件中，可将组件添加到个人组件库中，以方便在任何文件中调用。在【组件】对话框中单击命令，弹出下拉菜单，选择【增加库到常用】命令，打开【浏览文件夹】对话框。

在【浏览文件夹】对话框中，选择组件文件存放的文件夹，单击确定按钮增加组件，即可在【组件】对话框中的【选择】选项卡的下拉菜单中找到相应的组件库。

（4）组件的编辑

在场景中将组件复制多个，可以进行统一的关联编辑，也可以进行组件的单独编辑。

①组件的关联编辑

在SketchUp软件中，将组件复制多个后，对其中的一个组件进行编辑，则所有的组件都会发生关联改变，这就是关联编辑，如图4-8所示。

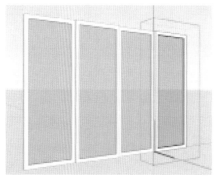

图4-8 组件的关联编辑

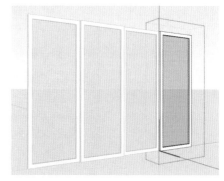

图4-9 组件的个别编辑

②组件的个别编辑

选中需要个别编辑的组件，单击鼠标右键，在弹出的快捷菜单中选择【生成唯一的选择】命令，即可将组件独立出来，与其他组件脱离关联，如图4-9所示。

SketchUp填充工具用于给模型中的实体分配材质（颜色和贴图）。它可以给单个元素上色，填充一组相连的表面，或者置换模型中的某种材质。

单击【填充】命令，弹出【材质】对话框，如图4-10所示。

图4-10 【材质】对话框

▶ 4.2.1 选择材质

赋予模型材质的第一步，就是选择材质，合适的材质会给设计带来更多的真实感和视觉冲击力，下面介绍各种材质的选择方法。

（1）提取材质

单击 ✎ 按钮，鼠标指针即可变成吸管形状，在场景中单击所需材质，材质浏览窗口中会显示相应材质。选中此材质后，将光标移动至需要赋材质的模型处，单击鼠标左键，完成材质赋予。

（2）默认材质

单击 ✎ 按钮，选择系统默认的显示色彩。将鼠标光标（此时为油漆桶形状）移动到屏幕中，单击即可将屏幕中的材质改变为系统默认的色彩。

（3）SketchUp自带材质

【材质】对话框的下拉列表框中自带有各种类型的材质贴图，包括多种常用材质。这些材质以列表和文件包两种形式列出，双击打开即可选中材质，然后就可以将材质应用到场景模型中，如图4-11、图4-12所示。

图4-11 自带材质

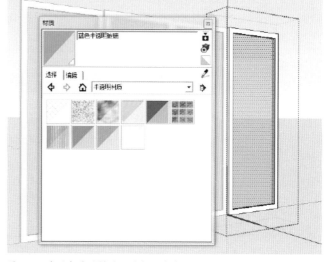

图4-12 选用半透明材质给赋钢化玻璃

▶ 4.2.2 编辑材质

设计时通常需要编辑材质,在SketchUp软件中可以对现有的任何材质(包括自带材质)进行编辑。选择需要编辑的材质,单击【编辑】选项卡,共有【颜色】【纹理】【不透明】三个功能区。通过这三个功能区,可以实现对材质的基本编辑,如图4-13所示。

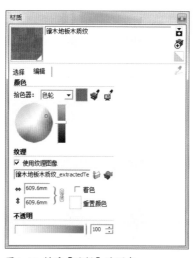

图4-13 材质【编辑】选项卡

(1)编辑色彩

对于现有材质的色彩,可通过色环、GRB、HLS和HSB等多种调色模式进行调整,并且调色的过程会在场景中实时显示。

(2)材质贴图

在【纹理】功能区中,选中【使用纹理图像】复选框,并单击图标,在打开的【选择图像】对话框中选择需要的贴图图片,即可将选择的外部图片添加为材质贴图。

（3）调整贴图尺寸

对于自由的材质贴图以及外部的贴图尺寸，可通过数值调整来满足设计需要。

（4）调整材质透明度

水、玻璃、透光板等材质需要设定透明度，以得到真实质感。拖动【编辑】选项卡中的透明滑块，即可对材质的透明度进行实时调整，并在场景中显示。

▶ 4.2.3 创建材质

创建材质，即以新的名称命名，并保存于本文件，可方便调用。单击【材质】对话框中的 ◈ 按钮，将弹出【创建材质】对话框。

（1）命名材质

在【创建材质】对话框中可以命名材质、选用颜色、使用贴图和调整透明度。除命名材质外，其余的编辑调整功能都与前面讲到的材质编辑调整方法相同。如图4-14所示，为新建名为"墙纸1"的材质。

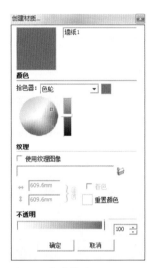

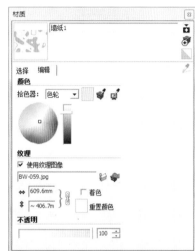

图4-14 新建材质　　　　图4-15 使用贴图并调整尺寸

（2）使用贴图

【使用贴图】功能的使用方法与前面讲到的编辑部分相同，如图4-15所示。

（3）调整色彩或透明度

可以在【创建材质】对话框中完成对材质的调整，也可以单击确定按钮后，在【材质】对话框中选取该材质名称，对其进行编辑。

▶ 4.2.4 材质库管理

SketchUp软件自带有强大的材质库，要学会进行管理。另外，为了以后更好地运用新创建的材质，也可以将其纳入材质库，丰富设计资料，以便在任何一个文件中进行调用。

（1）将创建好的材质保存为材质库文件

选中新创建的材质，在材质图标上单击鼠标右键，在弹出的快捷菜单中选择【另存为】命令，弹出【另存为】对话框，选择保存至SketchUp系统文件的【材质库】（*.skm格式）选项，命名后单击【保存】按钮即可将该材质保存为材质库文件。

（2）材质库生成工具

如果有大量图片需要转换成材质库文件，可以使用材质库生成工具来批量地生成材质库文件。材质库生成工具可将SketchUp支持的5种格式（JPG、TIF、BMP、TGA、PNG）的图形文件，转换为后缀是".skm"的材质库文件。

▶ 4.2.5 贴图坐标

SketchUp的贴图材质赋予在模型表面，只能调整其尺寸大小，更多地对贴图的调整需要使用贴图坐标来完成。

选择模型上需调整的贴图，单击鼠标右键，在弹出的快捷菜单中选择【贴图】/【位置】命令，会在场景中出现4个不同颜色的图标。

4个不同的图标拥有不同的功能。将鼠标放在红色别针上，按住鼠标左键并拖曳，可以移动贴图；将鼠标指针放在绿色别针上，按住鼠标左键并拖曳，可以对贴图进行缩放/旋转操作；将鼠标指针放在黄色别针上，按住鼠标左键拖动鼠标，可以根据表面来修改几何形贴图；将鼠标指针放在蓝色别针上，按住鼠标左键并拖曳，可以对矩形做变形操作。

如图4-16，为贴图效果的调整。

图4-16 贴图效果的调整

4.3 设置剖面与显示剖面

在SketchUp中，【剖切】这个常用的表达手法不但容易操作，而且可以动态地调整剖切面，生成任意的剖面方案图。具体操作如下。

（1）单击工具栏中的【添加剖面】按钮，此时屏幕中的光标会变成带有方向箭头的绿色线框，如图4-17所示。其中线框表示剖切面的位置，箭头表示剖切后观看的方向。剖切后，模型将虚拟地被"一分为二"，背离箭头那部分模型将自动隐藏。

（2）将鼠标移动到需要剖切的位置，单击鼠标左键确认，红色部分的表示被剖切到的部分。通过这样的剖切图，可以很容易地观察到模型内部的构造，如图4-18所示。

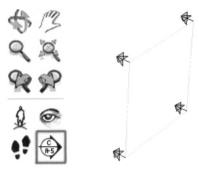
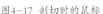

图4-17 剖切时的鼠标

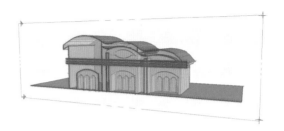

图4-18 初步定义剖切面

（3）对剖切面进行调整。主要有两种方法：一是对剖切面进行旋转；二是对剖切面进行移动。单击剖切面，剖切面变成黄色的激活状态，此时可以使用【旋转】工具或【移动/复制】工具对剖切面进行调整，以获得理想的剖面图。【旋转】【移动/复制】这两个工具后文会有介绍。

完成剖面图的绘制后，右击屏幕中的剖切面，会弹出一个快捷菜单，如图4-19所示。通过这个菜单，可以进行隐藏剖切面、反转剖切方向、将三维剖切视图转换为平面剖切视图等操作，如图4-20所示。

隐藏剖切面时，直接选择【隐藏】命令，这时剖切面会被隐藏。如果需要恢复显示剖切面，可以选择【编辑】/【显示】/【全部】命令，这时被隐藏的构件都会在屏幕中显示出来。

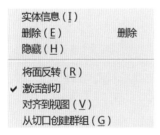

图4-19 剖切面的右键快捷菜单

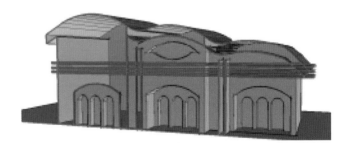

图4-20 隐藏剖切面

【反转剖切方向】的功能主要是将剖切方向反转180°，将原来剖切后隐藏的部分显示出来，将显示的部分隐藏起来。操作方法是单击右键菜单中的【将面翻转】命令，此时会得到之前隐藏部分的剖面图，如图4-21所示。

【将三维剖切视图转换为平面剖切视图】的操作方法是单击右键菜单中的【对齐到视图】命令，此时屏幕会以剖切面为正视方向，转成正投影的平行剖面图，如图4-22所示。

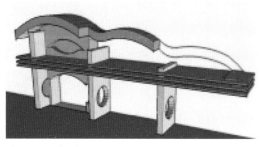

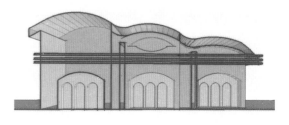

图4-21 反转剖切面

图4-22 平面剖切视图

　　默认情况下，剖切到的物体是以红颜色显示的，可以用以下方法来调整。选择【窗口】/【场景信息】命令，在弹出的【场景信息】对话框中选择【剖面】选项，来调整相关的选项。我们可以在【线条】选项区域中直接输入剖切线的宽度数值，在【颜色】选项区域中单击相应的颜色面板，调整需要的颜色。

 　　在SketchUp中，剖面图的绘制、调整、显示很方便，可以很随意地完成需要的剖面图。设计师可以根据方案中垂直方向的结构、交通、构件等去选择剖面图，而不是为了绘制剖面图而绘制。

4.4 漫游动画

　　SketchUp具有简明快捷的漫游动画功能。【漫游】工具条中结合了漫游动画所需的功能按钮，如图4-23所示。此工具条默认状态下并没有打开，需要使用时，选择【查看】/【工具栏】/【漫游】命令，即可调用此工具条。根据SketchUp创建动画的原理，可以创建漫游动画、剖面动画、图层动画、视图动画以及阴影动画等。

图4-23 【漫游】工具条

▶ 4.4.1 视图动画

　　视图动画是将不同的视图显示情况记录在现场中，再将其连续播放成动画。打开模型，调整视图。选择【视图】/【动画】/【添加场景】命令，如图4-24所示。

　　逐步调整视图，添加场景2至场景9，如图4-25、图4-26所示。

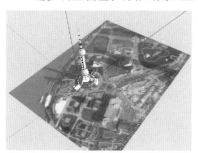

图4-24 添加场景1

图4-25 添加场景2

图4-26 添加场景9

选择【视图】/【动画】/【播放】命令，即可看到9个场景连续播放而形成的视图相机动画。

▶ 4.4.2 漫游动画

漫游动画是将漫游动作不同时段的显示记录在现场中，从而形成动画。

选择【视图】/【动画】/【添加场景】，新建场景1，单击漫游工具，在数值控制区输入1600，代表人的视线高度，按Enter键确认。按住Ctrl键，拖动鼠标光标进入室内，此时显示如图4-27所示。按照类似的方法新建场景2至场景4，继续通过对鼠标光标的控制进行室内漫游，如图4-28、图4-29所示。

图4-27 添加场景1

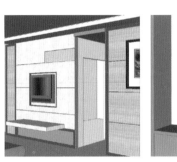

图4-28 添加场景2

图4-29 添加场景4

选择【视图】/【动画】/【播放】命令，即可看到4个场景连续播放而形成的室内漫游动画。

▶ 4.4.3 图层动画

在演示建筑先后修建的情况时，可使用图层的显示与隐藏制作动画。因此，建模时需要将不同显示模型归于不同的图层。

选择【视图】/【工具栏】/【图层】命令，弹出【图层】对话框，取消图层复选框的勾选，使屏幕上不显示任何模型，接着选择【视图】/【动画】/【添加场景】，新建场景1。

选中模型中的"辅助建筑"复选框，接着选择【视图】/【动画】/【添加场景】，新建场景2。

依照此方法，将需要表现的图层逐步显示出来，同时创建不同的场景。

完成设置后，选择【视图】/【动画】/【播放】命令，即可看到图层场景连续播放而形成的图层动画。

▶ 4.4.4 阴影动画

同理，通过对阴影不同时段显示的控制，分别创建场景，最后进行播放，就形成了阴影动画。打开【阴影设置】对话框，通过滑块控制不同时段的阴影，并逐步添加场景。

选择【视图】/【动画】/【播放】命令，即可看到阴影场景连续播放而形成的阴影动画。

4.5 布尔运算

SketchUp软件提供了6种布尔运算的方式：外壳、交集、差集、分离、并集和修剪。如图4-30所示。值得注意的是被创建的对象必须是群组或组件，单独的残面和破面都无法实现布尔运算。

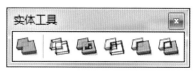

图4-30 布尔运算工具条

（1）外壳

即把多个实体焊接成单一对象，并清除物体间重叠的几何线面。激活🔲【外壳】工具，点选任意对象，鼠标箭头会转变为带有数字的添加图标，依次添加需要焊接的实体，完成前后的效果如图4-31所示。

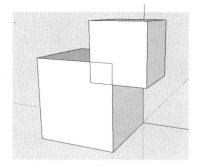 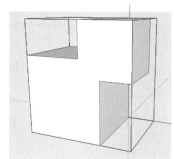

图4-31 【外壳】工具布尔运算效果

在X光模式下观察，两物体间相交处线、面被消除，外壳保持原有形态，如图4-32所示。

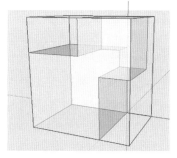

图4-32 X光模式下显示效果

（2）交集

即保留多个实体的相交处。激活🔲【交集】工具，然后选择布尔运算对象，布尔运算前后的效果如图4-33所示。

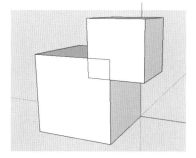 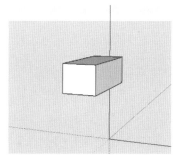

图4-33 【交集】工具布尔运算效果

（3）差集

【差集】布尔运算的效果取决于选择实体的先后顺序，效果如图4-34所示。更改选择实体的顺序，效果如图4-35所示。

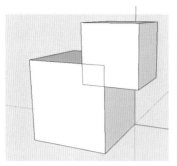
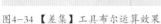
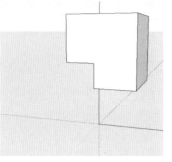

图4-34 【差集】工具布尔运算效果

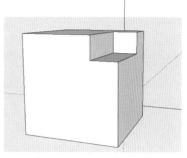

图4-35 【差集】工具布尔运算效果2

（4）分离

几何分割两个以上实体间重叠的地方，被分割的元素镶嵌在实体间的相交部位，未相交的部位将成为新的实体存在于场景中。选择圆柱体和长方体，执行 🖱 【分离】工具，效果如图4-36所示。

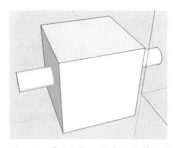
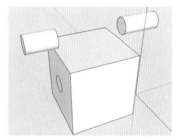

图4-36 【分离】工具布尔运算效果

73

（5）并集

与【外壳】工具相似，【并集】工具能将实体合并为单一对象。两者不同的是【并集】工具是删除不相交的面，即使在内部，相交面也会重组为实体。

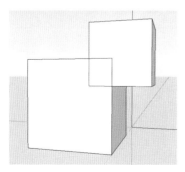
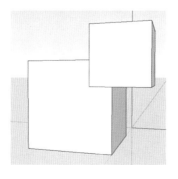

图4-37 【修剪】工具布尔运算效果

（6）修剪

几何分割多个实体的重叠部位并保留修剪后的实体对象，包括A-B和B-A，同样取决于拾取对象的先后顺序，如图4-37所示。

本章小结

群组&组件	创建群组&组件、编辑群组&组件
填充工具	选择材质、编辑材质、创建材质、材质库
剖面设置	设置剖面、显示剖面
漫游动画	视图动画、漫游动画、图层动画、阴影动画
布尔运算	外壳、交集、差集、分离、并集、修剪

拓展实训

尝试临摹完成本书配套光盘第4章的模型作业，要求尺寸及材质绘制准确并学会思考创建模型的各种简易方法，完成效果如图4-38所示。

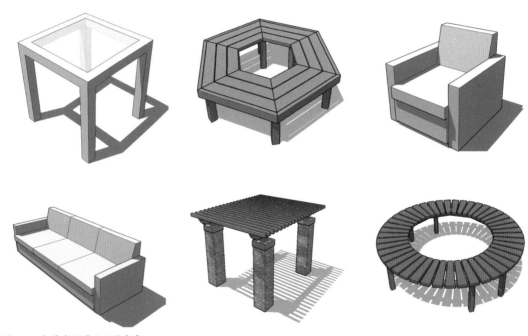

图4-38 拓展实训最终效果参考

第 5 章 SketchUp室内空间建模实例

本章主要讲解运用SketchUp软件创建室内空间模型的方法。模型是三维制作的基础，模型质量的好坏直接影响室内表现的每一个环节。在本章中，我们将以SketchUp传统的多边形建模方式为基础，创建一个完整的室内场景，并结合制作案例深度剖析室内建模的重点和难点，让学生在短时间内掌握室内设计建模的每一个流程。

课堂学习目标：

1. 掌握SketchUp墙体建模技法
2. 掌握SketchUp门窗建模技法
3. 掌握SketchUp立面建模技法
4. 掌握SketchUp材质填充技法

打开家居空间的CAD图，这是一个比较特殊的家居空间户型，房屋空间比较狭长，东西两侧墙体没有窗口，只在南北两侧有窗口，房屋内的墙体除卫生间与放置洗衣机的空间之间的墙体外基本都不能改动，如图5-1所示。

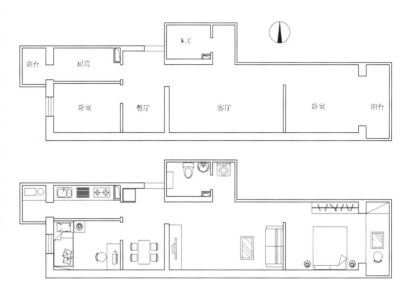

图5-1 CAD模型分析（上图：原建筑平面图；下图：平面布置图）

本章家居空间设计案例整体风格为现代简约设计，几个空间保持风格的统一和空间流通感，间隔出现的镜子扩展了房子狭窄方向上富有韵律的空间。

最终完成效果如图5-2所示。

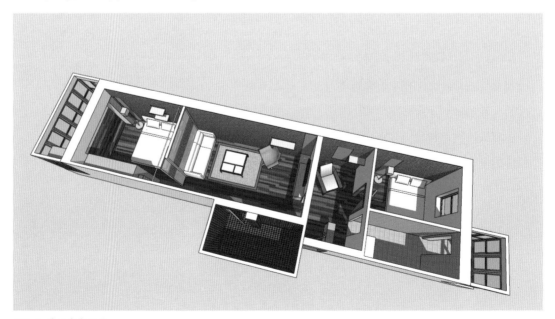

图5-2 最终完成效果

（1）单位设置。打开SketchUp软件，依次选择【窗口】/【模型信息】，弹出模型信息对话框；选择【单位】选项卡，将【长度单位】中的【格式】选项调整为"十进制"、"毫米"，【精确度】设置为0.0mm。如图5-3所示。

（2）CAD模型导入。选择【文件】/【导入】命令，单击【选项】菜单，弹出导入选项对话框，调整【单位】选项为"毫米"，勾选【保存原图】选项，单击【确定】。在【文件类型】选项卡选择"ACAD Files（*.dwg.*.dxf）"文件类型，如图5-4所示。导入配套光盘中对应章节的CAD文件，弹出【导入结果】对话框，如图5-5、图5-6所示。

图5-3 单位设置

图5-4 单位设置

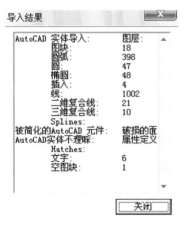

图5-5 导入结果

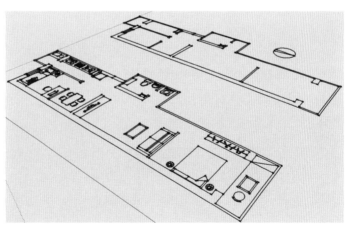

图5-6 CAD模型导入后效果

（3）创建组件。选中导入CAD文件中的平面布置图形部分，单击鼠标右键，在弹出菜单中选择【创建组件】命令，弹出【创建组件】对话框，输入名称"房屋布置"，勾选【替换选择】复读框，单击【创建】按钮，如图5-7所示。

选择"房屋布置"组件模型，单击鼠标右键【隐藏】命令，将平面布置部分隐藏，完成效果如图5-8所示。

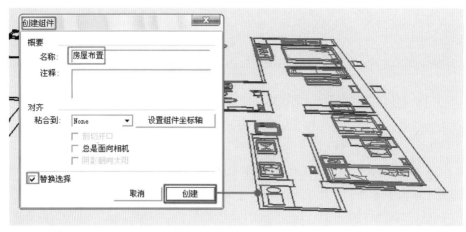

图5-7 创建组件

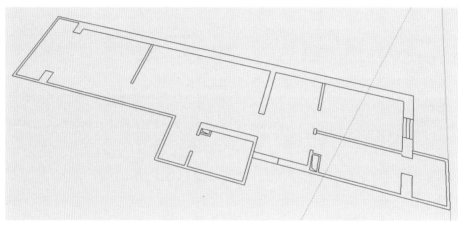

图5-8 CAD模型修改后效果

（4）绘制墙体截面。将组件放在一边，将墙体定位图作为墙体建模的基础，激活【线】工具，捕捉房屋墙体的各个顶点，开始画线，得到墙体的封闭截面，最终完成效果如图5-9所示。

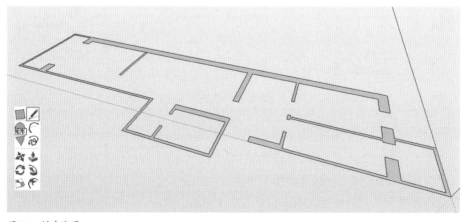

图5-9 创建线图

（5）推拉墙体高度。激活【推/拉】工具，将平面拉出一个高度，在数值控制栏中输入高度为4600mm，完成墙体模型的创建任务，如图5-10所示。

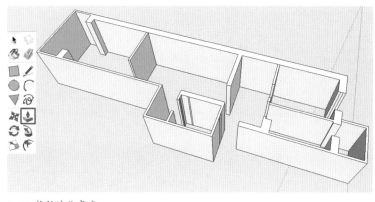

5-10 推拉墙体高度

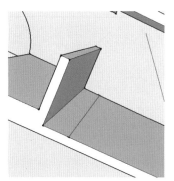

图5-11 删除多余线段1

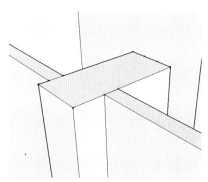

5-12 删除多余线段2

（6）修剪模型。将挤出模型中多余的线条进行选择并删除，保持模型的整洁与规整，如图5-11、图5-12所示。

（7）创建组件。选中挤出完毕的墙体模型，单击鼠标右键，在弹出菜单中选择【创建组件】命令，弹出【创建组件】对话框，输入名称"墙体模型"。至此，SketchUp墙体建模任务完成，完成效果如图5-13所示。

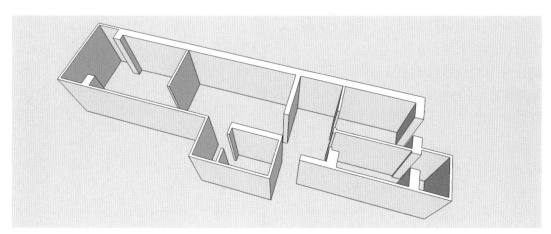

图5-13 墙体建模任务完成效果

（1）阳台模型绘制1。双击墙体组件，进入组件内部进行编辑，激活【线】工具，将南侧阳台部分的墙体与房屋墙体分割开，如图5-14所示。

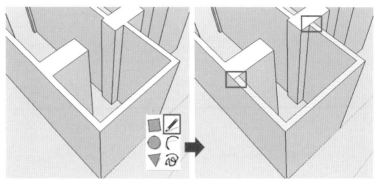

图5-14 运用线工具分离墙体

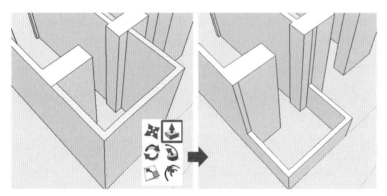

（2）阳台模型绘制2。激活【推/拉】工具，将阳台部分的墙体向下推出一段距离，在数值控制栏中输入高度"1700mm"，如图5-15所示。

图5-15 推拉阳台高度

（3）阳台模型绘制3。选择图中所示阳台截面，结合Ctrl键进行【移动复制】命令，将其拖动至阳台顶部，如图5-16所示。

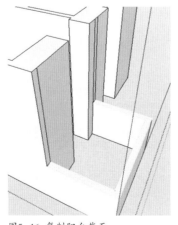

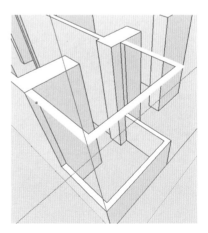

图5-16 复制阳台截面

（4）阳台模型绘制
4。激活【推/拉】工具，将
分割的平面向下拉出一段距
离，在数值控制栏中输入高
度"400mm"。

（5）阳台模型绘制5。
重复步骤（1）~（4），并删
除多余线段，制作模型空间
阳台2，如图5-17、图5-18
所示。

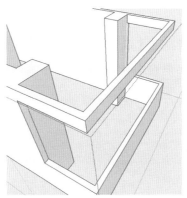

图5-17 删除多余线段

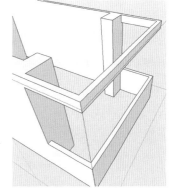

图5-18 制作阳台2

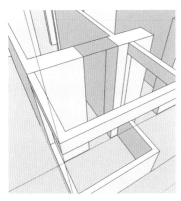

图5-19 制作门洞

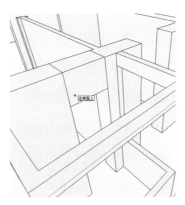

（6）门洞绘制1。激
活【线】工具，捕捉门洞口
上部墙体顶点，画线创建出
平面（当创建面为反面向外
时，可单击鼠标右键【将面翻
转】命令）。激活【推/拉】
工具，将平面向下拉出一段距
离，在数值控制栏中输入值
"500mm"，如图5-19所示。

（7）窗洞绘制1。激活【线】工具，捕捉南侧房间窗口下墙体顶点，画线创建橱窗体下
部墙体平面。激活【推/拉】工具，将窗体下部平面向上拉出一段距离，在数值控制栏中输入
值"900mm"。选中创建过程中产生的多余线段，按Delete键将其删除。（在应用SketchUp
创建模型时，经常产生多余的线段，要及时进行清理。）

制作步骤如图5-20、图5-21及图5-22所示。

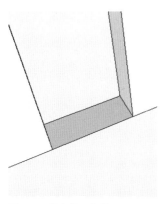

图5-20 创建窗洞平面

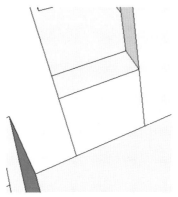

图5-21 推拉窗洞高度

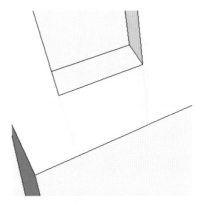

图5-22 修剪多余线段

（8）窗洞绘制2。激活【线】工具，捕捉窗口上部墙体顶点，画线创建出橱窗体上部墙体平面。选中创建出的窗体两侧的平面，按Delete键将这两个平面删除。激活【推/拉】工具，将窗体上部墙体平面向下拉出一段距离，在数值控制栏中输入值"400mm"。选中多余的线段，按Delete键将其删除。制作步骤如图5-23、图5-24及图5-25所示。

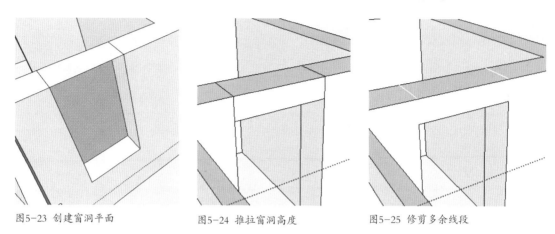

图5-23 创建窗洞平面　　　　　　　图5-24 推拉窗洞高度　　　　　　图5-25 修剪多余线段

（9）结合【线】【推拉】【删除】命令，重复步骤（6）~（8），将墙体模型中门洞与窗洞绘制完毕，如图5-26所示。

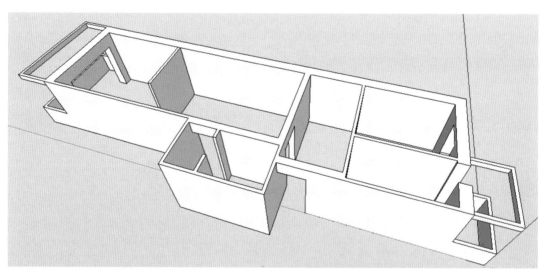

图5-26 门窗洞口建模任务完成效果

（1）退出墙体组件，激活【线】工具，捕捉墙体下部顶点画线，创建出地面平面。

（2）选中线段，单击鼠标右键，在弹出菜单中选择【创建组件】命令，弹出【创建组件】对话框。输入名称 "地面"，勾选【替换选择】复选框，单击【创建】按钮，如图5-27所示。

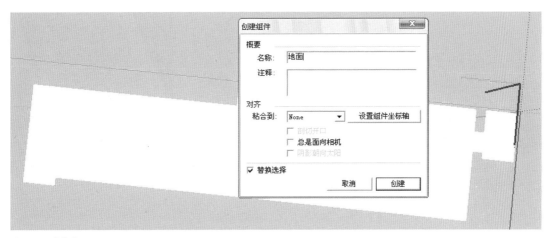

图5-27 创建地面

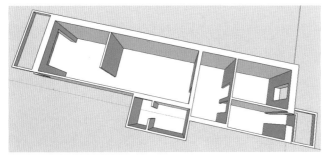

图5-28 翻转平面

（3）选中创建出来的地面，单击鼠标右键，在弹出菜单中选择【将面翻转】命令，使得平面的正法线方向向上，如图5-28所示。

（4）进入地面组件，激活【线】工具，在地面平面上分割出卫生间地面和厨房地面，如图5-29、图5-30所示。

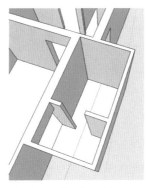

图5-29 分割卫生间地面

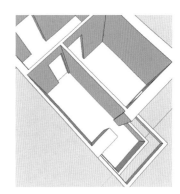

图5-30 分割厨房地面

（5）进入地面组件，激活【填充】工具，在弹出的材料浏览器中选中一个木地板材质，赋于客厅及卧室地面上，如图5-31所示。

（6）进入地面组件，激活【填充】工具，在弹出的材料浏览器中选中一个米色瓷砖材质，赋于厨房地面上，如图5-32所示。

（7）进入地面组件，激活【填充】工具，在弹出的材料浏览器中选中一个黑色瓷砖材质，赋于卫生间地面上，如图5-33所示。

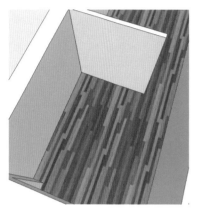

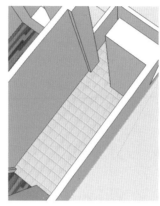

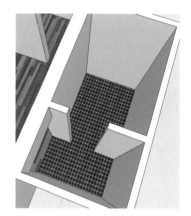

图5-31 创建木地板材质　　　　　图5-32 创建米黄瓷砖材质　　　　　图5-33 创建黑色瓷砖材质

（8）双击墙体组件，进入组件内部进行编辑，应用【线】工具和【推/拉】工具，将原有墙体进行调整，创建出卫生间风道烟道的模型，截面尺寸为490mm×440mm，如图5-34所示。

（9）双击墙体组件，进入组件内部进行编辑，应用【线】工具和【推/拉】工具，将原有墙体进行调整，创建出厨房风道烟道的模型，截面尺寸为650mm×400mm，如图5-35所示。

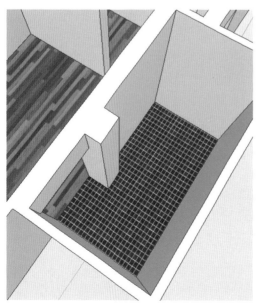

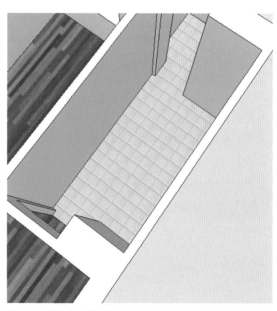

图5-34 创建卫生间管道模型　　　　　　　图5-35 创建厨房管道模型

（10）双击墙体组
件，进入组件内部进行编
辑，激活【填充】工具，
在弹出的材料浏览器中运
用吸管工具选中瓷砖材
质，分别将其赋于卫生间
墙面和厨房墙面上，如图
5-36、图5-37所示。

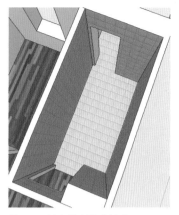

图5-36 创建卫生间瓷砖材质　　　　图5-37 创建厨房瓷砖材质

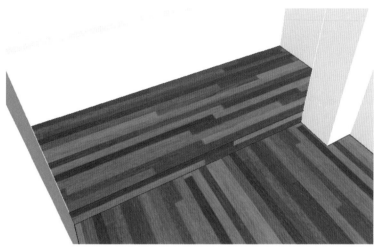

（11）双击地面组
件，进入组件内部，激活
【线】工具，在地面平面
上分割出阳台地面。激
活【推/拉】工具，将阳
台地平面拉出一个高度，
在数值控制栏中输入值
"150mm"，如图5-38
所示。

图5-38 推拉阳台高度

（12）室内空间模型材质铺贴的基础效果如图5-39所示。

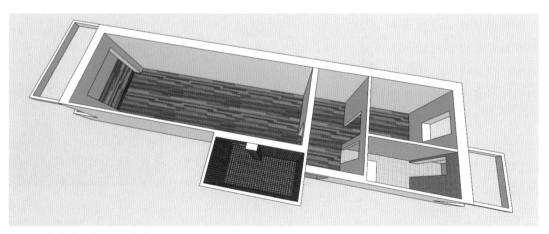

图5-39 模型材质铺贴基础效果

（1）激活【线】工具，捕捉参考图形，创建出隔断平面，激活【推/拉】工具，将平面拉出一定距离，在数值控制栏中输入高度"4600mm"，如图5-40所示。

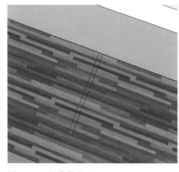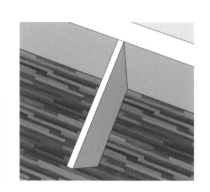

图5-40 制作推拉门1

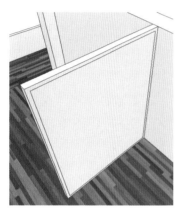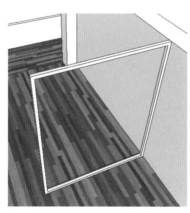

图5-41 制作推拉门2

（2）激活【偏移】工具，将平面向内偏移50mm，激活【推/拉】工具，将偏移后的平面向内推入一定距离，在数值控制栏中输入值"100mm"，如图5-41所示。

（3）选中隔断模型，单击鼠标右键，在弹出来的菜单选择【创建组件】命令，弹出【创建组件】对话框。输入名称"隔断01"，勾选【替换选择】复选框，单击【创建】按钮。运用【矩形】工具创建玻璃隔断，并激活【填充】工具进行玻璃填充，如图5-42所示。

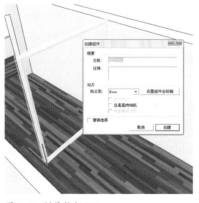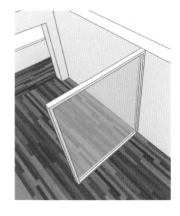

图5-42 制作推拉门3

（4）应用【矩形】工具和【填充】工具，制作出隔断玻璃的模型，然后用同样的方法，创建出滑动拉门的模型，如图5-43所示。

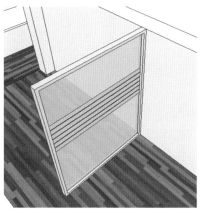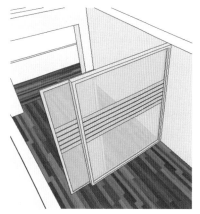

图5-43　制作推拉门4

（5）激活【圆】工具，在墙体上创建一个圆形平面，在数值控制栏中输入半径"10mm"，激活【推/拉】工具，将圆形拉出来成为圆柱体，作为日后挂布帘的挂杆。选中圆柱体，单击右键鼠标，在弹出来的菜单选择【创建组件】命令，弹出【创建组件】对话框，输入名称 "布帘杆"，勾选【替换选择】复选框，单击【创建】按钮，完成组建的创建，如图5-44所示。

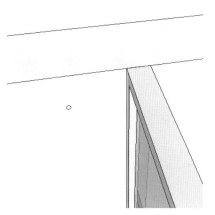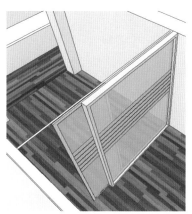

图5-44　制作布帘挂杆

（6）激活【矩形】工具，在墙体上创建宽度为100mm的矩形。激活【推/拉】工具，将矩形平面拉出10mm的距离。选中长方体，单击鼠标右键，在弹出来的菜单中选择【创建组件】命令，弹出【创建组件】对话框，输入名称"木装饰001"，勾选【替换选择】复选框，单击【创建】按钮，完成组件的创建，如图5-45所示。

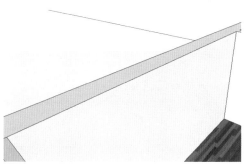

图5-45　制作木装饰1

（7）双击进入木装饰1组建的内部，激活【推/拉】工具，按住Ctrl键，拉出10mm的距离，如图5-46所示。

（8）选中拉出的平面，激活【缩放】工具，将平面向内部缩小距离，如图5-47所示。

图5-46 制作木装饰2

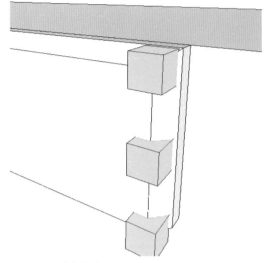

图5-47 制作木装饰3

（9）激活【填充】工具，在弹出的材料浏览器中选中一个颜色，将其赋于木装饰1组件上，如图5-48所示。选择组件，激活【移动】工具，按住Ctrl键，向下移动100mm复制一个木装饰条，在数值控制栏中输入"X45"，如图5-49所示。

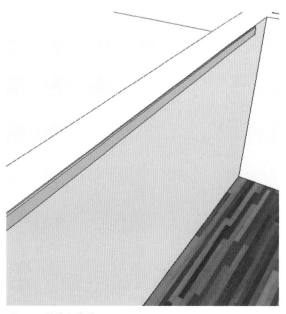

图5-48 制作木装饰4

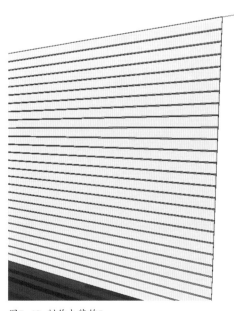

图5-49 制作木装饰5

（10）用同样的方法，创建出各个房间的墙体木装饰条的模型，应用【矩形】工具和【推/拉】工具，创建出各个房间的镜子模型，如图5-50所示。

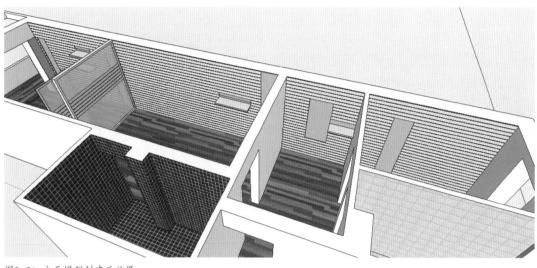

图5-50 立面模型创建后效果

5.6 家具模型

（1）应用【线】工具和【推/拉】工具，创建出客厅电视柜模型、卧室衣柜模型和阳台衣架模型，如图5-51、图5-52、图5-53及图5-54所示。

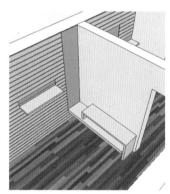

图5-51 制作电视柜模型图

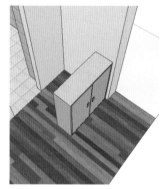

图5-52 制作卧室柜子模型

图5-53 制作卧室柜子模型

图5-54 制作卧室柜子模型

（2）应用【线】工具和【推/拉】工具，创建出南侧和北侧两个阳台窗扇的模型，如图5-55所示。

图5-55 制作窗户模型

（3）应用【线】工具和【推/拉】工具，创建出其他场景模型，如图5-56、图5-57所示。

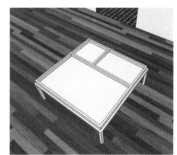

图5-56 制作门模型　　　　图5-57 制作客厅台几模型

（4）室内空间模型创建任务完毕，效果如图5-58所示。

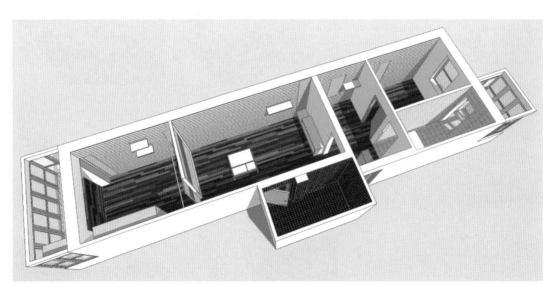

图5-58 室内模型场景创建效果

（5）单击【文件】/【导入】命令，文件类型选择"SketchUp.skp"，对室内空间中部分缺省的家具进行导入，如图5-59所示。

图5-59 导入室内模型

（6）至此，SketchUp室内空间轴测图的场景模型创建完毕，最终效果如图5-60、图5-61所示。

图5-60 室内轴测图最终效果1

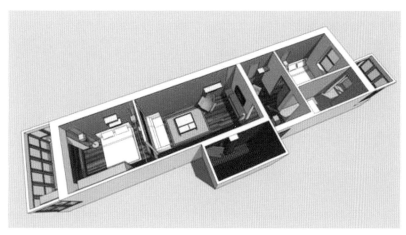

图5-61 室内轴测图最终效果2

本章小结

小户型家居空间建模实例	CAD模型修剪与导入、SketchUp墙体建模、SketchUp门窗洞口建模、SketchUp立面造型建模、SketchUp家具建模与合并、SketchUp材质填充

拓展实训

打开本书配套光盘第5章的拓展实训文件，根据提供的图纸文件进行室内设计场景建模，要求尺度及比例关系协调，材质搭配准确，空间的整体风格统一，最后导出JPG格式的场景鸟瞰图一张及客厅、餐厅、卧室空间各一张，效果如图5-62所示。

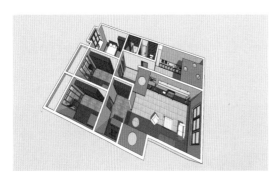
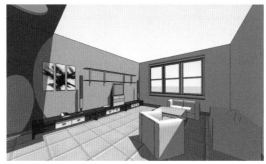

图5-62 拓展实训最终效果参考

第 2 篇

SketchUp+VRay项目
实训篇

第 6 章 VRay for SketchUp渲染器及灯光构成

VRay是目前行业内最常用的渲染插件之一，其真实而高效的渲染能力赢得了大多数设计师的喜好。本章主要讲述VRay for SketchUp软件的控制面板的构成，并对插件中的灯光类型进行了讲解，为后面章节的项目实践奠定了基础。

课堂学习目标：

- 了解VRay for SketchUp控制面板的基本构成
- 了解VRay for SketchUp的灯光构成与使用方法

SketchUp作为面向设计构成的优秀三维设计软件，其建模阶段的强大功能使设计师受益匪浅。但是SketchUp没有真正的渲染功能，只能模拟自然光来表现场景。因此，如果需要将SketchUp的图纸制作成为照片级效果图，往往需要通过其丰富的数据接口，导入其他相关软件进行后期渲染，这样的操作复杂且不易掌握。

VRay for SketchUp作为渲染插件安装在SketchUp中，能够渲染出极具真实感的图像，如图6-1、图6-2所示。它为SketchUp的用户提供了全局光照明和光线追踪等特色功能和各种渲染解决方案。从室内设计、建筑设计到动画，都可以利用VRay真实而高效的渲染解决方案，快速、轻松地实现设计师的想法。

图6-1 VRay for SketchUp建筑外观效果图

图6-2 VRay for SketchUp室内效果图

成功安装渲染插件后，启动SketchUp，选择【插件】/【VRay】命令，将弹出VRay for
SketchUp渲染器子菜单，包括【创建光源】【帮助】【材质编辑器】【渲染设置】【渲染】
【从文件渲染】【显示帧缓存】等命令。

选择【视图】/【工具栏】，勾选【VRay
for SketchUp】选项，将弹出VRay for
SketchUp工具栏，如图6-3所示。

图6-3 VRay for SketchUp插件

执行【材质编辑器】命令，可以在弹出的【材质编辑器】对话框中编辑材质的具体特征。

执行【渲染】命令，可以开始对当前场景进行渲染。

执行【选项】命令，将弹出VRay for SketchUp控制面板，这也是VRay for SketchUp的操
作核心，如图6-4所示。

图6-4 VRay for SketchUp控制面板

VRay for SketchUp的功能以卷展栏的形式出现，单击需使用的功能，即可打开卷展栏进
行参数设定。下面就对这些功能进行分类介绍。

（1）【全局开关】卷展栏

【全局开关】功能主要用于对几何体、灯光、间接照明、材质和光影跟踪进行全局设置，
对各种灯光和反射、折射现象进行总体管理。由于灯光参数的设定决定渲染成图的效果，因此
该功能尤为重要。【全局开关】卷展栏展开后如图6-5所示。

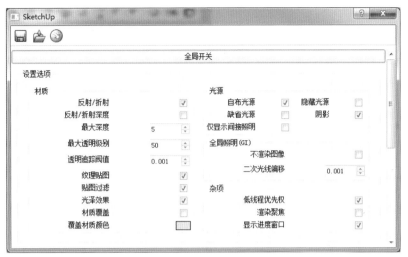

图6-5 【全局开关】卷展栏

（2）【系统】卷展栏

【系统】卷展栏用于控制多种VRay参数，包括光线投射、分布式渲染等，如图6-6所示。

图6-6 【系统】卷展栏

（3）【相机（摄像机）】卷展栏

现实环境中，对摄像机的选用以及调整能控制产生不同的画面质量，如对曝光度、光圈、快门和白平衡等进行调整。物理摄像机可以模仿真实摄像机的效果，能像控制真实摄像机一样控制场景的光学反应，最终达到调整渲染效果的目的。在渲染软件VRay for SketchUp中，有专门的选项对物理摄像机的种类、参数和功能进行调整。

图6-7 相机卷展栏

VRay中存在默认及物理两大类摄像机，用户只能使用其中的一种。默认摄像机的各种参数相对简单，类型分为：标准型摄像机、球型摄像机、圆柱摄像机、盒式摄像机、鱼眼摄像机及扭曲球型摄像机。如图6-8所示。

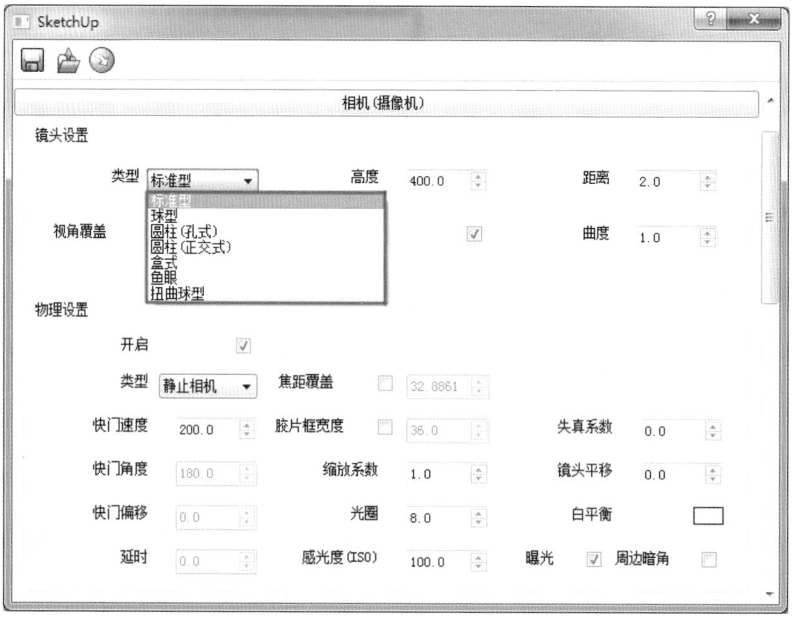

图6-8 默认相机类型

在VRay for SketchUp的选项面板，通过【相机（摄像机）】卷展栏的选项，可以选择不同的相机以及使用不同的"快门速度"，渲染成图的图像会有所区别。

（4）【图像采样器】卷展栏

VRay提供不同的采样算法，不同采样器会得到不同的图像质量，用于确定获取什么样的样本以及最终哪些光线被追踪。展开的"图像采样器"卷展栏如图6-9所示。

图6-9 【图像采样器】卷展栏

在【图像采样器】卷展栏中，通过参数的设定能控制渲染的精度。其中各选项的功能如下。

【固定比率】单选按钮：固定比率采样器是VRay渲染器中最简单的一种采样器，使用固定数量的样本。

【自适应QMC】单选按钮：QMC是Quasi Monte Carlo的缩写，VRay根据特定值，使用统一的标准来确定样本。

【自适应细分】单选按钮：自适应细分采样器使用较少的样本，在非模糊、非运动的场景中运算相对较快，在每个像素内使用少于一个采样数的高级采样器。它是VRay中最值得使用的采样器，能够以较少的采样来获得相同的图像质量。

【最少细分】微调框：一般来讲，该参数的设置不会超过1。

【最多细分】微调框：定义每个像素使用样本的数量。

（5）【QMC采样器】卷展栏

QMC是Quasi Monte Carlo的缩写，【QMC采样器】又称准蒙特卡罗采样器或纯蒙特卡罗采样器。VRay根据特定值，使用统一的标准框框架来确定取多少及多大精确度的采样本，该框架就是【QMC采样器】。【QMC采样器】卷展栏主要用于对框架进行设定，它将直接影响到渲染的质量和速度，如图6-10所示。

【QMC采样器】卷展栏上的选项是一些微调框和下拉列表框，其各自的功能如下。

【自适应量】微调框：控制采样的数量。常规来讲，数值1为最小可能的样本数量。

【最小采样】微调框：确认早期中之前需采集的最少样本数，取值越高算法越可靠，但会使渲染的时间增长。

【噪波值】微调框：用来判断样本好坏的标准，其取值与图像质量成反比。要想图像品质好，则设定小的噪波值。

【细分倍增】微调框：在渲染过程中会增加任何参数的细分值，从而影响整个渲染效果。

图6-10 【QMC采样器】卷展栏

（6）【间接照明】卷展栏

VRay渲染器采用间接照明的方式为场景提供全局光照。因此，【间接照明】卷展栏上的选项，对VRay渲染器效果影响很大。只有详细了解间接照明，才能用VRay渲染出优秀的效果图。

在【间接照明】卷展栏中，可以对GI的反射、折射焦散及光线反弹强度等进行设定，并可为光线的初次反弹和二次反弹选择不同的渲染引擎，如图6-11所示。

图6-11 【间接照明】卷展栏

（7）【发光贴图】卷展栏

【发光贴图】卷展栏的功能只有用户在【间接照明】卷展栏中选择了准蒙特卡罗渲染引擎作为初级或次级反弹时，才能被激活，如图6-12所示。发光贴图渲染引擎是优秀的全局光照计算方式。

图6-12 【发光贴图】卷展栏

（8）【灯光缓存】卷展栏

灯光缓冲是【间接照明】卷展栏中可选的一种渲染引擎，在摄像机可见部分追踪光线的反射和衰减，并存储灯光信息。灯光缓冲的相关内容将在后面章节详细讲解。【灯光缓存】卷展栏如图6-13所示。

图6-13 【灯光缓存】卷展栏

（9）【环境】卷展栏

【环境】卷展栏可用于设置环境天光的色彩、强度、反射和折射，如图6-14所示。天光和背景的相关内容将在后面章节详细讲解。

图6-14 【环境】卷展栏

（10）【焦散】卷展栏

图6-15 【焦散】卷展栏

焦散是光线通过某些材质产生的光学现象。例如，玻璃、金属等带有反射和折射的材质，就能让光产生焦散。焦散表现是VRay渲染的强项，会在后续章节详细讲解。【焦散】卷展栏和焦散效果如图6-15、图6-16所示。

图6-16 焦散光线效果

（11）【颜色映射】卷展栏

在不同灯光曝光模式作用下，已有图像的色彩会有不同的显示。因此，通过【颜色映射】卷展栏的参数设置，可以进行图像色彩的转换，如图6-17所示。

图6-17 【颜色映射】卷展栏

（12）【置换】卷展栏

【置换】卷展栏可以针对材质的表现，在低精度模型的表面进行渲染时，产生细致的凹凸细节。【置换】卷展栏展开后如图6-18所示。

图6-18 【置换】卷展栏

（13）【输出】卷展栏

【输出】卷展栏主要控制渲染输出的图像尺寸和保存路径，如图6-19所示。

"输出尺寸"栏用于设定渲染成品的出品尺寸及精度，其中选项的功能如下。

图6-19 【输出】卷展栏

"覆盖视口"复选框：选中该复选框可以定义VRay渲染输出的尺寸。软件有6个预设好的尺寸选项，也可以自行设定。注意：尺寸的单位是像素。

"图像长宽比"微调框：在设定输出尺寸时，可以制定一定的纵横比。这样在设定尺寸时，输入高与宽中的一个数值，软件会自动计算出另一数值。单击旁边的L按钮，可以锁定图像纵横比。

"像素长宽比"微调框：用于控制像素的宽高比，但使用后有可能引起图像的变形。

"渲染输出"栏中参数使得图像渲染后可以在VRay帧缓冲器中另存，也可以选中"保存文件"复选框，然后单击"…"按钮，在弹出的对话框中设定保存路径即可。

"V-Ray Raw图像文件"栏用于渲染VRay原始图像文件，并将其原始数据直接写入一个外部文件中。该栏的选项与"渲染输出"栏的选项只能同时使用一个。

"动画"栏用于对动画渲染的格式及保存进行设定。

（14）【VFB通道】卷展栏

VFB的英文全称是VRay Frame Buffer（帧缓冲器）。VRay中的渲染在帧缓冲器内完成，并在帧缓冲器的工具条中选择通道，如图6-20所示。

图6-20 VFB通道卷展栏

下面详细介绍各种常用的通道和VRay Frame Buffer窗口上方的控制按钮。

① RGB通道

单击按钮，打开RGB通道，即可显示RGB通道渲染的效果。

② 红色、绿色、蓝色三色通道

正常显示状态下，2个色彩通道均是打开的。需要对某个单色通道显示时，先单击3个按钮，取消它们的使用状态，然后单击其中一个色彩按钮，即可显示相应的通道。

③ Alpha

单击该按钮，即可打开Alpha通道。

④ 单色模式

单击该按钮，进入单色模式。

⑤ 存储、清除图像、优先渲染

分别是"存储"、"清除图像"和"优先渲染"按钮，其功能介绍如下。

单击"存储"按钮，可将渲染成图另存成多种格式的文件，以便使用。

单击"清除图像"按钮，可将当前窗口的图像清除。

单击"优先渲染"按钮，可按鼠标光标的位置进行渲染，以便观察重点区域的渲染。

VRay Frame Buffer窗口下方的工具条可以对渲染成图进行色彩方面的调整，并添加水印。

（15）VRay for SketchUp渲染参数

VRay for SketchUp的渲染效果由控制面板各部分的参数决定，对于不同的场景参数设定都有可能不同。因此，渲染参数最好保存成文件形式，以方便保留和使用。

软件自身带有一些渲染文件，其后缀是".visopt"。在控制面板上选择【文件】/【加载】命令，在弹出的【选择文件】对话框中选中渲染文件，其中"Default.visopt"文件为默认设置。

在设定完所有参数并完成一次渲染后，可以将渲染参数保存到指定的路径。该路径一般为"C:\Program Filos\ASGvis\Options"。

需要使用时，直接将保存的渲染文件加载到当前模型文件中，所有参数即会被导入，并直接开始渲染。

6.2 VRay for SketchUp灯光及渲染参数

光是物体可见的前提，场景中没有光线便无法进行表现，因此光是渲染中最重要的因素。要模拟自然界真实光线，需要对各种光进行分类，如将光分为直接光与间接光。

间接光由整个环境光及反射光组成。VRay渲染器使用的是Global Illumination（全局照明）方式。该方式使用间接照明来模拟真实的光影效果，环境中的阳光与天空设定都是间接光，间接光生成的渲染效果如图6-21所示。

图6-21 间接光渲染效果

VRay采用两种方法进行全局照明计算——直接照明计算和照明贴图。直接照明计算是一种简单的计算方式。它对所有用于全局照明的光线进行追踪计算，能产生最准确的照明结果，但是需要花费较长的渲染时间。光照贴图使用复杂的技术，能够以较短的渲染时间获得准确度较低的图像。

直接光以灯光为主，由矩形灯和点光源形成，用于直接照亮某个物体或区域，其光照效果如图6-22所示。

图6-22 直接光生成效果

下面将从间接照明、渲染引擎、环境设置、特殊光照—焦散、灯光调整等几方面，详细讲解VRay for SketchUp的光照设定方法。

▶ 6.2.1 间接照明

间接照明是VRay渲染器的核心部分，它可以对GI（Global Illumination全局照明）的焦散及光线反弹的强度进行设置，并可以为光线的首次反弹和二次反弹选择不同的GI引擎。因此，只有详细了解间接照明，才能用VRay渲染器渲染出专业的效果图。

在VRay的【渲染选项】面板上，单击【间接照明】选项，即可打开【间接照明】卷展栏，如图6-23所示。

图6-23 【间接照明】卷展栏

（1）GI（全局照明）

全局照明是一种使用间接照明来模拟真实的光影效果的技术，主要采用光线跟踪技术。在【间接照明】卷展栏上，GI栏有3个复选框，其作用如下。

"开启全局照明功能"：渲染场景时，需要选中GI栏中的On复选框，以开启全局照明功能。未开启全局照明的渲染图，如图6-24所示；开启全局照明的渲染图，如图6-25所示。

图6-24 未开启全局照明效果

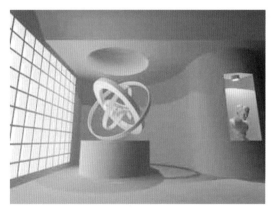

图6-25 开启全局照明效果

"模拟反射焦散"：间接光照射到镜射表面时会产生反射焦散。选中【反射焦散】复选框，可以在渲染中模拟反射焦散，对有反射效果的材质表现较为真实。因为对最终的成图影响较小，所以该复选框默认不被选中。开启反射焦散的渲染图，如图6-26所示。

注意 使用"反射焦散"功能的前提是需要对物体贴赋反射表面材质，如玻璃、镜面和瓷片等。

"模拟折射焦散"：间接光穿过透明物体（如玻璃）时会产生折射焦散，这与直接光穿过透明物体所产生的效果有所不同。选中"折射焦散"复选框，可以模拟折射焦散，如图6-27所示。

注意 使用"折射焦散"功能需给场景物体贴赋玻璃材质。光穿过窗口的表现即可开启此选项。

图6-26 反射焦散效果

图6-27 折射焦散效果

（2）后期处理

如图6-28所示，【后期处理】栏主要用于对最终渲染成图前的间接光照进行对比度、饱和度的调整。默认值为1，表示渲染不对方案中的色彩进行任何修改；数值大于1，为增强对比度、饱和度；数值都小于1，为减弱对比度、饱和度。建议使用默认参数，因为对比度、饱和度通过后期的Photoshop处理也可以进行修正。

图6-28 后期处理选项栏

"饱和度"参数是指接受间接光照射区域的颜色鲜艳程度。饱和度为1的渲染图，如图6-29所示；饱和度为50的渲染图，如图6-30所示。

图6-29　饱和度为1的渲染效果

图6-30　饱和度为50的渲染效果

　　"对比度"参数可以控制图像的颜色对比。对比度为1的渲染图，如图6-31所示；对比度为50的渲染图，如图6-32所示。

图6-31　对比度为1的渲染效果

图6-32　对比度为50的渲染效果

　　"对比度基数"参数可以控制图像的明暗对比。需要对画面明暗对比进行控制，可以调整数值。例如，对比度基数为1的渲染图，如图6-33所示。

图6-33　对比度基数为1的渲染效果

（3）首次反弹

光照折射到物体表面，并从物体表面反弹出去称为首次反弹，它在室内场景的表现中效果较为明显。在【间接照明】卷展栏的【首次反弹】栏中，"倍增值"参数的作用很大。

倍增值用于控制灯光的首次反弹强度，数值越高，场景越亮。倍增值设定为0的渲染图，如图6-34所示。由于将首次反弹和二次反弹的倍增值都设定为0，整个场景没有光线的反弹，场景暗，只有直接接受灯光的部分较亮。

设定倍增值后的渲染图如图6-35所示。由于将首次反弹倍增值设定为1，二次反弹的倍增值设定为0，可以看到场景中产生了一定的光线反弹效果，这与首次反弹倍增值为0的效果不同。

图6-34 首次反弹倍增值设定前渲染效果 　　　　图6-35 首次反弹倍增值设定后渲染效果

（4）二次反弹

二次反弹是指光线完成首次反弹后继续进行的所有反弹的效果，主要作用为照亮光线直接照射不到的暗处。在【间接照明】卷展栏中设置【二次反弹】栏，其中也有"倍增值"参数。该参数用于控制光线反弹的强度，数值越高，场景越。倍增值为0.5的渲染图，如图6-36所示。将首次反弹和二次反弹倍增值都设定为0.5，可以看到场景光亮加强并且光照均匀。

倍增值为2的渲染图，如图6-37所示。将首次反弹和二次反弹倍增值都设定为2，可以看到场景光亮但局部曝光。

图6-36 二次反弹倍增值设定后渲染效果1 　　　　图6-37 二次反弹倍增值设定后渲染效果2

▶ 6.2.2 渲染引擎的选用

在【间接照明】卷展栏中，VRay渲染器提供了4种GI渲染引擎，即发光贴图、光子贴图、准蒙卡特罗和灯光缓冲。这4种渲染引擎各有优点，适用于不同的渲染场景。在【间接照明】卷展栏的【首次反弹】和【二次反弹】栏中，可以在下列表中选择渲染引擎选项，如图6-38所示。

图6-38 渲染引擎选型栏

首次反弹的渲染引擎有发光贴图、光子贴图、准蒙卡特罗以及灯光缓冲4种，默认的选项是发光贴图；二次反弹的渲染引擎有无、光子贴图、准蒙卡特罗以及灯光缓冲4种，默认的选项是准蒙卡特罗。不同的渲染引擎有不同的参数可以设定。

（1）发光贴图渲染引擎

发光贴图是常用的一种渲染引擎，只支持光线的首次反弹，在4种渲染引擎中的渲染速度相对比较快。在【间接照明】卷展栏的【首次反弹】栏中，通过下拉列表框选择"发光贴图"选项后，则在VRay渲染选项面板上会出现【发光贴图】卷展栏，如图6-39所示。下面将详细介绍其中各选项的功能。

图6-39 【发光贴图】卷展栏

① 基本参数

【基本参数】栏中各选项的功能如下。

"最小比率"微调框：主要用于控制平坦区域的采样率。

"最大比率"微调框：主要控制弯曲面或物体交叉处的采样率。一般来讲，如果比率的取值较小或为负数，则采样点相对稀疏，渲染精度低，时间快；反之，则渲染采样点密集，渲染精度高，时间慢。

"半球细分"微调框：主要用于决定样本的计算质量，取值大则渲染速度快，但在球形表面容易产生黑斑。取值小则渲染速度慢，渲染平滑。

② 基本选项

【基本选项】栏中有3个复选框，其功能如下。

"显示计算过程"复选框：选中此复选框，在渲染过程中将计算过程通过渲染窗口进行演示。默认设置中是被选中的。

"显示采样"复选框：选中此复选框，会在最终渲染图中出现采样点。此复选框在测试时可用，正常渲染时需取消选中。

"显示直接照明"复选框：选中此复选框，会在渲染时显示出场景中的灯光效果，默认设置为非选中状态。

③ 细节增强

如图6-40所示，选中【细节增强】栏中的【开启】复选框，计算机进行渲染时，会按照参数设置坚强细部渲染，使其更加逼真，但是会延迟渲染速度。右边"范围半径"微调框内数值越大、"细分倍增"微调框内数值越高，则渲染增强部分面积越大，同时噪点较少。

图6-40 细节增强选项栏

④ 高级选项

在渲染过程中，发光贴图渲染引擎可以对样本的相似点进行差补、查找，以及对渲染质量进行控制。在【发光贴图】卷展栏中设置了【高级选项】栏，如图6-41所示，在"插值方式"下拉列表框中可以选择多种渲染方式。

图6-41 高级选项栏

各种插补类型的效果如下。

"加权平均值"方式渲染效果差，渲染时间长。

"最小平方适配"方式为默认设置，适合于大多数场景的渲染。

"三角测量法"方式采样插补均匀，渲染效果好，不会产生模糊。

"最小平方加权测量法"方式能产生最优秀的渲染效果，其缺点就是时间长。

⑤ 当前贴图和渲染后

在当前栏中单击"保存"按钮，可将所使用的发光贴图以文件形式保存在指定路径中。

在"渲染后"栏中，默认状态下选中了"不删除"复选框，这样发光贴图文件可保存到下次重新渲染。而选中"自动保存"复选框，可将发光贴图文件保存到指定的路径，方便网络渲染。

（2）光子贴图渲染引擎

光子贴图与发光贴图类似，用于表现场景的灯光。不同的是，发光贴图采用自适应的方法，而光子贴图没有自适性，是按场景中灯光密度来进行渲染的。有光子贴图产生的场景照明精度小于发光贴图。光子贴图渲染引擎支持灯光的【首次反弹】和【二次反弹】栏中选择了"光子贴图"选项，则在VRay"渲染选项"面板中会出现【光子贴图】卷展栏，如图6-42所示。

图6-42 光子贴图选项栏

光子贴图的渲染质量不便于控制，效果较差，通常作为二次反弹选项出现。

（3）准蒙卡特罗渲染引擎

准蒙卡特罗渲染引擎是VRay渲染器中最精确的光计算器，适用于表现细节的场景。其缺点是运算速度慢。为加快速度，可以在【首次反弹】栏中选用此模式，而在【二次反弹】栏中选用其他模式。

① 【准蒙卡特罗全局照明】卷展栏

可在【准蒙卡特罗全局照明】卷展栏中进行参数设置，如图6-43所示。

图6-43 准蒙特卡罗全局照明卷展栏

细分取值越小，画面有颗粒；数值取值越大，渲染质量越高，但会减慢渲染速度。

② 【QMC采样器】卷展栏

【QMC采样器】卷展栏如图6-44所示，其中QMC是准蒙卡特罗渲染的英文简称。卷展栏中的参数用来控制计算过程中的模糊效果。

图6-44　QMC卷展栏

【QMC采样器】卷展栏中参数的作用如下。

"适应数量"微调框：取值越大，渲染速度越快，但图像质量越差。通常这一参数在0.7~0.95之间效果较好。

"噪波阈值"微调框：用于控制渲染图像的噪波数量，数值越小，速度越快，但图像中的噪点相对比较多。通常此参数保持默认值即可。

"最小样本"微调框：较高取值会增加渲染时间，但效果比较好，也可以有效减少图像的噪点。通常此参数保持默认值8即可。

"细分倍增"微调框：用于控制全局的细分采样数值，通常参数保持1即可得到较好的图像质量，噪点基本消除。

"路径采样器"下拉列表框：提供了"默认"和"随机霍尔顿"两种方式。通常情况下选择"默认"方式即可。

（4）灯光缓存渲染引擎

灯光缓存（又称灯光缓冲）渲染引擎对灯光的模拟类似于光子贴图，在相机可见部分追踪光线，然后将灯光信息存储在三维数据中。灯光缓存支持首次反弹和二次反弹。在【首次反弹】和【二次反弹】栏中选择"灯光缓存"选项，则在VRay渲染面板中会出现【灯光缓存】卷展栏，如图6-45所示。

在【灯光缓存】卷展栏中，"细分"微调框中的细分取值越大，图越平滑，但渲染时间较长。

注意：灯光缓存支持所有类型的光，如天光、自发光、灯光等，这是其与光子贴图的最大区别。

图6-45 灯光缓存卷展栏

▶ 6.2.3 环境设定

VRay for SketchUp渲染器提供了对环境的设置，除可设定天光背景的色彩和图案外，还可以对环境中的反射与折射进行设定。掌握环境的设置，才能真正运用VRay渲染出生动自然的场景，【环境】卷展栏如图6-46所示。

图6-46 环境卷展栏

（1）全局光颜色（天光）

环境天光是室外环境中必不可少的光线，不同时刻的光线颜色和强度不同，这些都可进行简单的设定。

"开启全局光"：在打开的【间接照明】卷展栏中选中On复选框，开启全局照明。在【环境】卷展栏中是否选中GI复选框，将影响渲染的最终效果。取消选中GI复选框，图像整体较暗，只有灯光照射部分受光；选中GI复选框，开启环境天光，整个场景将得以照明。

"设置天光强度"：在GI（天光）右侧的微调框中输入不同的天光强度值，将渲染得到强度不同的光照。数值越大，光线越强。

"设置天光色彩"：单击GI（天光）右侧的色块，即可在弹出的"选择颜色"对话框中选择适当的天光色彩。

　　"天光阴影控制"：单击GI（天光）右侧的M按钮，将弹出【V-Ray纹理编辑器】对话框，选中【阴影】/【开启】复选框，即可显示阴影。"阴影偏移"微调框中的参数用于控制物体与阴影间的距离。值为0，表示没有偏移。如图6-47所示。

图6-47 天光阴影控制选项栏

　　"阳光参数"：在"V-Ray纹理编辑器"对话框中，Sun"常规"栏的参数用于对阳光的参数进行设置。"浑浊度"微调框中的参数用于控制光线的浑浊程度。

（2）背景

　　选中【背景】复选框，并在右边进行设置，可以对场景中物体所处的环境色彩、亮度和贴图进行设置。其参数设置方法与GI（天光）的设置基本相同。如图6-48所示。

图6-48 环境背景颜色选项栏

（3）反射

　　勾选【反射】复选框，并在右边进行设置，可以控制有反射材质的物体，如不锈钢等。另外，还可使用贴图来替代反射的环境，其方法与天光采用贴图类似。

（4）折射

　　选中【折射】复选框，并在右边进行设置，可以控制有折射材质的物体，如玻璃等。另外，还可使用贴图来替代折射的环境，其方法与天光采用贴图类似。

▶ 6.2.4 VRay for SketchUp灯光

VRay for SketchUp除了全局照明之外，还需要添加灯光以获取更多的照明细节。灯光配合材质可以得到更好的渲染仿真效果。VRay中有四种灯光：点光源、矩形光源、聚光灯和IES（光域网）光源。在SketchUp中成功安装VRay for SketchUp后，在软件界面上会出现V-Ray for SketchUp工具条，如图6-49所示，红色线框内的为VRay光源类型。

图6-49 VRay for SketchUp工具栏

（1）点光源

点光源是最常见的光源类型，光线从中心点方向向四周发散。太阳在现实世界是第一光源，而点光源在VRay中也是第一光源，它的特点如下。设计灵活，任何角落都能利用点光源并得到很好的照明效果；控制方便，衰减方式多样，可根据场景灵活选择；用途广泛，可做主光源，也可做补光源。

单击◉【点光源】按钮，在屏幕中恰当位置建立一个圆形的灯，并使用SketchUp中的【移动】/【旋转】命令来编辑灯光的位置，使用【比例缩放】命令调整灯光的面积大小。建立好的灯光在SketchUp场景中，如图6-50所示。

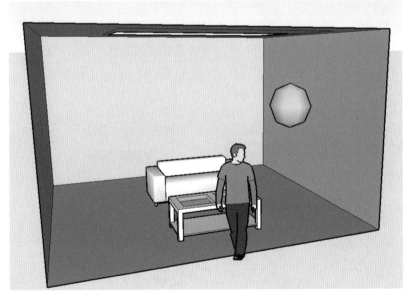

图6-50 VRay 点光源的建立

选中VRay 点光源，单击鼠标右键，在弹出的快捷菜单中选择【VRay for SketchUp】/【编辑灯光】命令，打开【点光源】灯光面板，如图6-51所示，可以在其中编辑灯光。

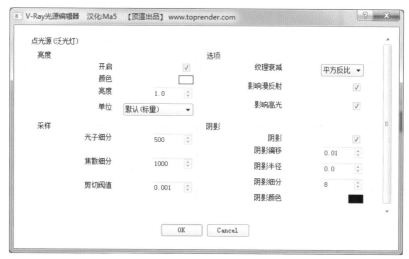

图6-51 VRay点光源的编辑

在"亮度"栏的"倍增值"微调框中输入数值，设置灯光的亮度。数值越大，灯光越强。单击Color（色彩）按钮，弹出【选择色彩】对话框，可以从中选择灯光色彩。

如果需要显示矩形灯的阴影，则选中"阴影"栏中的【开启】复选框，阴影的倾斜程度由"偏移"微调框中的数值决定。

（2）矩形光源

矩形光源在VRay渲染中占有非常重要的作用，在很大一部分场景布光中，我们都可以只运用矩形光源来完成，但是对于工作效率来说，矩形光源的渲染时间是最长的。矩形光源具有以下优势：光线效果柔和；可以作为场景中的被反射物体，使材质反射效果更加生动；矩形光源的大小和形状影响灯光属性，包括强度和阴影属性；可以双面发光。

单击 🔆【矩形光源】按钮，在屏幕中恰当位置建立一个矩形的灯，并使用SketchUp中的【移动】/【旋转】命令来编辑灯光的位置，使用【比例缩放】命令调整灯光的面积大小。建立好的灯光在SketchUp场景中，如图6-52所示。

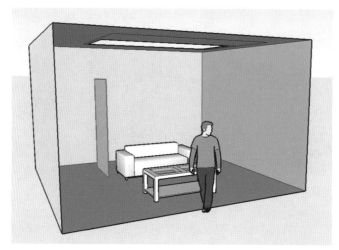

图6-52 VRay矩形灯光的建立

选中VRay 点光源，单击鼠标右键，在弹出的快捷菜单中选择【VRay for SketchUp】/【编辑灯光】命令，打开【矩形光源】灯光面板，如图6-53所示，可以在其中编辑灯光。

在"亮度"栏的"倍增值"微调框中输入数值，设置灯光的亮度。数值越大，灯光越强。单击Color（色彩）按钮，弹出【选择色彩】对话框，可以从中选择灯光色彩。

选中"选项"栏中的"双面"复选框，将灯光设置为双面发光效果。

注意：双面参数设置后，灯不能紧贴地面或墙面，否则会有黑色阴影。

选中"选项"栏中的"不可见"复选框，即对发光面进行隐藏。

选中"选项"栏中的"不衰减"复选框，通常会有自然灯光由强至弱的表现。

如果需要显示矩形灯的阴影，则选中矩形灯光窗口"阴影"栏中的【开启】复选框，阴影的倾斜程度由"偏移"微调框中的数值决定。

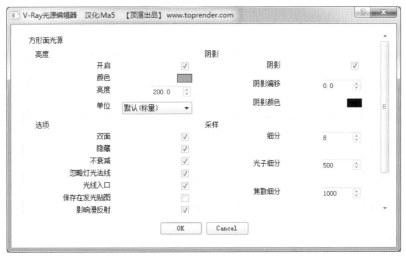

图6-53 VRay 矩形灯光的编辑

（3）聚光灯

聚光灯是在一个圆锥形的区域内均匀的发射光线，可以模拟出类似手电筒和车前灯发出的灯光。聚光灯是属性最多的一种灯光，也是最常用的灯光之一。聚光灯可以作为场景中的主光源，它的参数对于其他灯光更加灵活，参数的设置也十分直观，在渲染时间和质量上都较为均衡。

单击▷【聚光灯】按钮，在屏幕中恰当位置建立一个聚光灯，并使用SketchUp中的【移动】/【旋转】命令来编辑灯光的位置，使用【比例缩放】命令调整灯光的面积大小。

选中VRay聚光灯，单击鼠标右键，在弹出的快捷菜单中选择【VRay for SketchUp】/【编辑灯光】命令，打开【聚光灯】灯光面板，如图6-54所示，可以在其中编辑灯光。

聚光灯的选项设置同前面两种光源类似，在此将聚光灯特有的灯光属性做简要介绍。

"光锥角度"：参数栏的数值越大，灯光照射范围越大；数值越小，灯光照射范围越小。

"半影角度"：该参数控制聚光灯透射光线边缘的虚实状态，缺省状态下该值为0，参数值越大，灯光边缘光线越柔和。

图6-54 VRay聚光灯的编辑

"阴影半径"：控制点光源的半径。解决物体阴影的边缘虚化对于效果图达到真实效果非常重要，而阴影半径选项是解决这一问题的关键。点光源的半径越大，所产生的阴影越柔和。

（4）IES（光域网）灯光

IES（光域网）灯光是VRay for SketchUp 1.48一项新增的布光功能，它能加载IES光域网文件，并模拟出真实世界光分布的轮廓文件。

单击 【IES（光域网）灯光】按钮，在屏幕中恰当位置建立一个矩形的灯，并使用SketchUp中的【移动】/【旋转】命令来编辑灯光的位置，使用【比例缩放】命令调整灯光的面积大小。在SketchUp场景中建立好的灯光。

选中IES（光域网）灯光，单击鼠标右键，在弹出的快捷菜单中选择【VRay for SketchUp】/【编辑灯光】命令，打开【IES（光域网）】灯光面板，如图6-54所示，可以在其中编辑灯光。

光域网光源的选项设置同前面所讲光源的选项类似，不同的是光域网光源需要首先在控制面板添加光域网文件，单击【选项】/【文件】选择需要的光域网文件，然后再对其他光源属性进行调整，如图6-56所示为筒灯光域网文件列表。

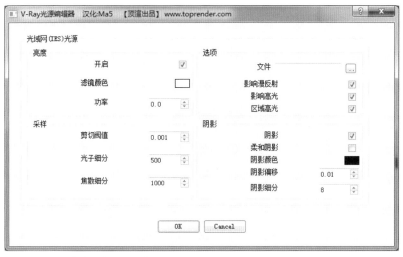

图6-55 VRay 光域网光源的编辑

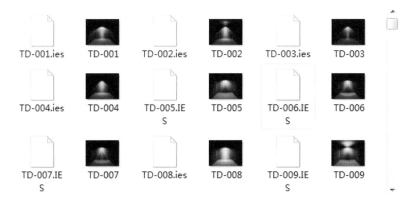

TD-001.ies　TD-001　TD-002.ies　TD-002　TD-003.ies　TD-003

TD-004.ies　TD-004　TD-005.IE S　TD-005　TD-006.IE S　TD-006

TD-007.IE S　TD-007　TD-008.ies　TD-008　TD-009.IE S　TD-009

图6-56 VRay 光域网文件的选择

本章小结

VRay控制面板	全局开关、系统、相机、环境、图像采样器、颜色映射、输出、全局照明、发光贴图、灯光缓存、焦散、置换
VRay灯光	点光源、矩形光源、聚光灯、IES光域网

拓展实训

1. 参照本书配套光盘第6章的拓展实训文件1，设置控制面板的相关参数，创建场景灯光，并调整亮度、色相、阴影细分值等选项，以达到光盘文件中的渲染效果，如图6-57所示。

图6-57 拓展实训最终效果参考1

2. 参照本书配套光盘第6章的拓展实训文件2，设置控制面板的相关参数，创建场景灯光，并调整亮度、色相、阴影细分值等选项，以达到光盘文件中的渲染效果，如图6-58所示。

图6-58 拓展实训最终效果参考2

第 7 章 VRay for SketchUp材质详解

VRay for SketchUp软件可以设置生动写实的材质，本章节除了对材质编辑器的基本功能进行讲解外，还介绍了材质的反射、折射，材质贴图、凹凸贴图、置换贴图、透明贴图，以及关联材质和双面材质等各种材质贴图的参数及其用法。

课堂学习目标：

① 掌握VRay材质编辑器的构成及相关原理

② 理解并掌握VRay常用材质参数的设置方法

在制作计算机效果图的过程中，准确快速地调节材质对出图效率的提高起着至关重要的作用，熟练运用材质与贴图可以为我们的作品带来意想不到的细腻效果。VRay for SketchUp的材质编辑功能能够以较快的渲染速度得到真实的材质效果。

7.1 VRay for SketchUp材质编辑器

打开材质编辑器有两种方法：一是在菜单栏中选择【插件】/【VRay】/【材质编辑器】命令；二是单击VRay for SketchUp工具条中的材质编辑按钮，如图7-1所示，弹出材质编辑器对话框，如图7-2所示。

图7-1 VRay for SketchUp工具条

图7-2 VRay for SketchUp材质编辑器

材质编辑器分为三大部分。

【材质预览】栏：以材质球的形式显示当前材质，单击【预览】按钮可以刷新材质球。

【材质列表】栏：显示所有调用的材质，选中材质并单击鼠标右键，可以弹出导入、导出、添加、复制、清除、选择材质对象、应用材质等命令。

【参数选项】栏：位于窗口右侧，用于对各材质的参数进行详细设置，主要包括漫反射、反射、折射、选项贴图等命令栏。

▶ 7.1.1 添加、删除材质

在场景材质中只有一种材质，即默认的VRay材质。若需要在场景中添加新的材质，需要对材质命名，操作步骤如下。

（1）在材质编辑器【材质列表】栏单击鼠标右键，选择【创建材质】/【标准材质】命令，如图7-3所示。

（2）在【材质列表】栏添加新材质后，会显示默认材质选项，此时需对材质进行命名。选择默认材质选项，单击鼠标右键，在弹出的快捷菜单中选择【更名材质】命令，弹出【材质更名】对话框，如图7-4所示。

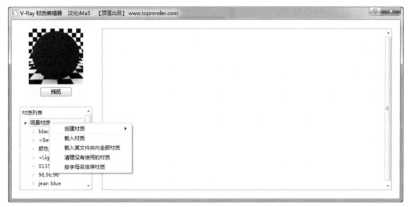

图7-3 创建标准材质

图7-4 更名材质

命名新材质最好使用英文字母和阿拉伯数字。名称中不能有空格，且第一个字母不能为数字，否则SketchUp无法识别，不能进行正常渲染。

与添加材质相对应的是删除材质。选中相关材质，单击鼠标右键，在弹出的快捷菜单中选择【删除材质】命令，即可删除材质。

▶ 7.1.2 导入材质

在当前场景中，可以导入已调整好的材质以备使用。VRay for SketchUp材质文件的格式为"*.vismat"。导入材质的具体操作步骤如下。

（1）在材质编辑器【材质列表】栏单击鼠标右键，选择【导入材质】命令，弹出【选择文件】对话框，如图7-5所示。

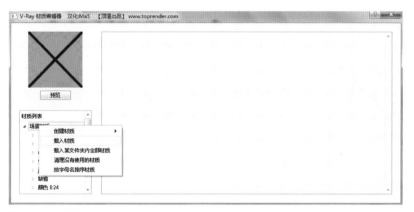

图7-5 导入材质文件1

（2）如图7-6所示，选择"*.vismat"格式的材质文件，单击打开按钮，即可导入材质。

导入的材质将以文件名的形式出现在【材质列表】栏中，同样可以对其进行【更名材质】【删除材质】等操作命令。

图7-6 导入材质文件2

▶ 7.1.3 使用材质

调整好材质的各项参数或导入现成的材质后，就可以将材质指定到需要使用的模型上，并通过快速渲染来观察其效果。使用材质的操作过程如下。

（1）在场景中选择需要指定材质的物体。

（2）选择对象打开材质编辑器，在【材质列表】栏选中材质并单击鼠标右键，在弹出的快捷菜单中选择【将材质应用到所选物体】命令，如图7-7所示。

图7-7 将材质应用到所选物体

注意　通常情况下，我们在创建SketchUp模型时会通过SketchUp软件自带的材质工具进行初步创建，创建后的材质会在VRay材质编辑器的【材质列表】栏中显示出来，也就不必再次对模型进行赋予。

（3）采用 VRay for SketchUp默认渲染参数。选择【插件】/【VRay】/【渲染】命令，即可使用默认渲染参数渲染当前场景，渲染效果如图7-8所示。

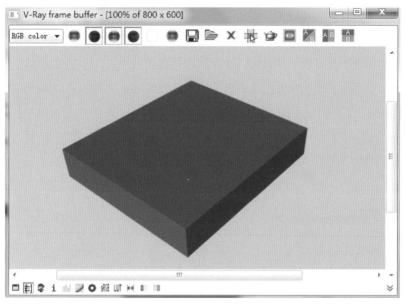

图7-8 渲染效果

7.2 VRay for SketchUp材质参数选项

在材质编辑器中，可以设置不同材质的具体参数。VRay材质主要有【漫反射】【反射】【折射】【选项】【贴图】【自发光】等选项可以设置，选择如图7-9所示。

图7-9 VRay for SketchUp材质编辑器

默认的材质包括【漫反射】【选项】【贴图】这3三个选项，我们可以在【材质列表】栏选择材质，单击鼠标右键选择【创建材质层】命令，根据材质特性增加其他选项。

单击其中一个选项，会打开相应的卷展栏，在其中可以对各种参数进行设置。

▶ 7.2.1 漫反射

一般情况下，漫反射通常指物体本身的颜色。VRay for SketchUp的材质编辑器中，有详细的【漫反射】参数设置区域。

【漫反射】卷展栏主要包括两个选项，如图7-10所示。

"颜色"选项用于控制材质的颜色。单击选项右侧的M按钮，可以选择贴图文件。

"透明度"选项用来控制材质的色彩透明度。同样单击选项右侧的M按钮，可以选择贴图文件。

图7-10 漫反射卷展栏

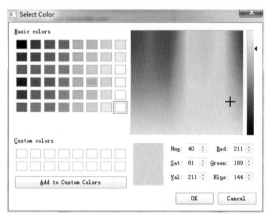

图7-11 漫反射颜色选项

下面将以相同的模型制定3个不同的漫反射材质为例介绍其使用方法。

（1）在模型文件开启的前提下，打开材质编辑器。在【材质列表】栏选择【场景材质】选项，单击鼠标右键，在弹出的快捷菜单中选择【创建材质】/【标准材质】命令，新建一个材质。选中添加的材质并单击鼠标右键，在弹出的快捷菜单中选择【重命名】命令,为材质命名。

（2）在材质编辑器右边的【漫反射】卷展栏中单击"颜色"按钮，在弹出的【选择颜色】对话框中选择颜色，如图7-12所示。

（3）在场景中选取模型，在【材质列表】栏中，选中添加的材质并单击鼠标右键，在弹出的快捷菜单中选择【将材质应用到所选物体】命令，将设置好的材质指定给模型。

（4）对场景进行普通渲染，即可观察场景中的材质显示情况，渲染效果如图7-13所示。

（5）复制此材质并重命名，然后更改色彩，创建另外两个材质。将3个物体都赋予不同颜色的材质，最终渲染后的材质显示效果如图7-14所示。

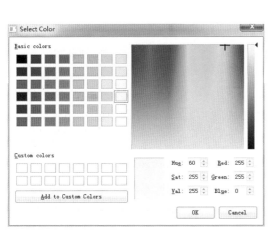

图7-13 渲染效果图1

图7-12 漫反射颜色选项

图7-14 渲染效果图2

▶ 7.2.2 反射

如果物体材质（如硬塑料、金属等材质）表面亮度很高、有光泽度，并且能够反射场景，则可以在VRay for SketchUp的材质编辑器中，对材质的反射光亮度、反射颜色及反射的图案做具体设置。

反射选项没有列在默认选项中，需要在【材质列表】栏的材质中添加。选中材质层级，单击鼠标右键，在弹出的快捷菜单中选择【创建材质层】命令，选择【反射】层级，即可在参数区打开【反射】卷展栏，如图7-15所示。

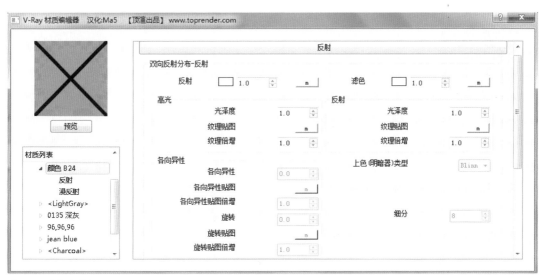

图7-15 反射卷展栏

经过反复设置，可以较好的表现材质对周边的反射效果，增加材质的真实感。图7-16所示为渲染出图的玻璃反射效果。

图7-16 反射渲染效果

（1）反射色彩

反射选项能够进行色彩设置。若反射为白色，会形成完全反射，即镜面反射；若反射色彩为黑色，则完全不反射。对镜面反射效果进行设置，将反射色彩设定为灰色，有较明显的反射效果，如图7-17所示。

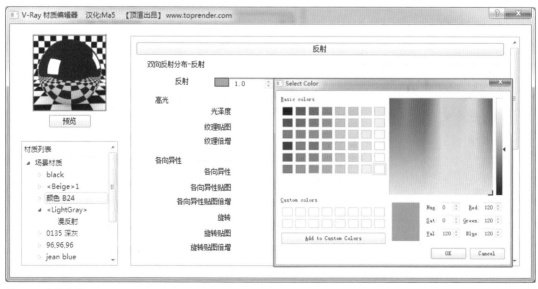

图7-17 反射色彩

（2）高光光泽度

在VRay for SketchUp中，物体的高光主要通过灯光的设置来完成。在反射参数部分，有【高光光泽度】选项控制材质的高光效果，如图7-18所示。默认的高光光泽度为1，意味着高光光泽度非常锐利。参数越小，材质高光逐渐模糊，高光光泽度最好控制在0.5~1。

图7-18 高光光泽度　　　　　　　　　　　图7-19 反射光泽度

（3）反射光泽度

【反射光泽度】选项也在反射选项部分，其参数用于控制材质反射的强弱效果，对塑料、木质和布艺等表面不直接反射光源的材质非常重要，如图7-19所示。反射光泽度的参数设置同高光光泽度类似。参数越小，材质高光逐渐模糊，高光光泽度最好控制在0.5~1。

（4）菲涅耳反射

VRay for SketchUp中还提供了菲涅耳反射、SKY、噪波和混合等多种参数的设置，通过他们可以对材质进行细致的控制。单击【反射】按钮右侧的M按钮，会弹出【VRay纹理编辑器】对话框，如图7-20所示。

图7-20 菲涅耳反射选项

菲涅耳反射是一种自然反射现象，能反映自然界中的真实效果。IOR（反射因子）微调框中的数值可以进行调整，数值越小则观察角度越大；数值越大则观察角度越小。系统默认数值为1.55，如图7-21所示。

图7-21 IOR（反射因子）

（5）反射过滤

【反射】卷展栏中的【滤色】按钮用于改变材质反射的色彩。单击该按钮将弹出【选择颜色】对话框，可以选择需要的色彩。反射强度较高的材质，过滤改变色彩较为明显，甚至会影响材质本身。反射过滤材质可以在不改变场景的前提下，改变金属表面反射的色彩。如图7-22所示。

图7-22 反射滤色

▶ 7.2.3 折射

光线穿过透光物体会产生光的折射，而掌握折射参数的调整方法，可以制作出较为逼真的材质效果。VRay有专门设置的【折射】卷展栏，可以对折射参数进行调整。

折射选项没有列在默认选项中，需要在【材质列表】栏的材质中添加。选中材质层级，单击鼠标右键，在弹出的快捷菜单中选择【创建材质层】命令，选择【折射】层级，即可在参数区打开【折射】卷展栏，如图7-23所示。

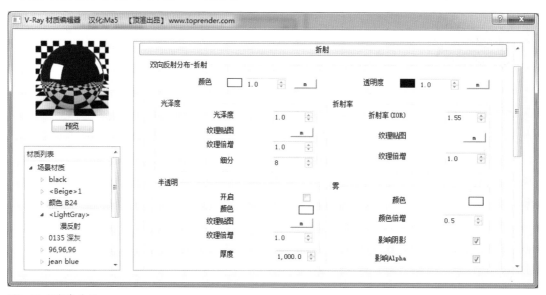

图7-23 折射卷展栏

（1）折射程度的控制

VRay中材质的透明程度可以通过选择的色彩灰度来控制。色彩越浅，物体透明度越高，色彩越暗，物体透明度越低。【折射】卷展栏单击"透明度"按钮，可以弹出【选择色彩】对话框，通过【选择色彩】对话框，将透明度部分的色彩设置为灰度色，则渲染物体呈半透明状。若为白色，渲染物体呈全透明状。

（2）雾化

在【折射】卷展栏中有雾化的设置。烟雾设置有"烟雾颜色"、"烟雾倍增"、"影响阴影"、"影响Alpha"四个参数。烟雾颜色通常设置成比原有材质色彩略亮的颜色即可，烟雾倍增值主要控制雾化效果的强度，倍增值越大雾化效果越明显。

（3）折射率（IOR）

每种材质都有固定的折射率，制作材质需要参照固定的材质折射率来完成，默认的材质折射率是1.55。折射率的设定影响到材质的透明程度，该选项一般用于表现不同类型的玻璃。折射率的数值与透明度成正比，因此如需将玻璃设置成磨砂材质，则要降低其折射光泽度。

（4）折射阴影

【折射】卷展栏中有对场景中折射阴影的设置，可以使渲染更加的生动真实。"半透明开启"复选框的选中与否，能够控制透明材质是否生成阴影，默认此复选框为未选中状态。若选中此复选框，能够使渲染场景更加生动，但也会增加渲染时间。

▶ 7.2.4 发光材质

自发光材质是指具有发光特性的材质，它可以是任意形状和造型的物体，例如灯光、灯泡和霓虹灯等。将模型建好后，设定成为自发光材质。选中材质层级，单击鼠标右键，在弹出的快捷菜单中选择【创建材质层】命令，选择【自发光】层级，即可在参数区打开【自发光】卷展栏，如图7-24所示。

图7-24 自发光卷展栏

（1）自发光参数设定

【自发光】卷展栏上，默认设定的颜色为白色，透明度颜色为黑色，亮度为1。渲染出为白色的发光体。

单击"颜色"按钮，可以设置发光的色彩，如果是暖色光，可以将色彩调成黄色。

单击"透明度"按钮，可以由深到浅的调节发光体的透明状态。

"亮度"微调框中的数值，代表发光的亮度。数值越大，亮度越高，越接近白色。该数值的设定要适度，以避免产生曝光的情况。

（2）发光贴图

如果要制作计算机屏幕、灯箱、透光石等既发光又有一定纹理的物体，除了设置基本的参数之外，还需要在发光处进行贴图。在【自发光】卷展栏中，单击"颜色"按钮右侧的M按钮，打开纹理编辑器。在类型下拉列表框中选择"位图"选项。

发光贴图的贴图尺寸还可在VRay纹理编辑器的"UVW转换"栏中进行调整，如图7-25所示。

图7-25　发光贴图选项

▶ 7.2.5 VRay关联材质

SketchUp具有材质编辑及贴图功能，但由于它仅有模拟自然阳光的效果，而没有真正的灯光渲染功能，因此其材质也不可能有反射、折射等反映真实效果的参数设定，仅仅局限于材质色彩、贴图的功能。VRay for SketchUp作为SketchUp的插件，能对SketchUp原有的材质进行进一步的设置，使其更加逼真。

SketchUp模型中的材质会自动显示于VRay for SketchUp材质编辑器的场景材质列表之中。关联材质的参数设置与其他VRay材质相同。调整好后，材质的赋予指定同样需要在VRay材质编辑器中进行。添加关联材质后，SketchUp中的材质即与VRay中的材质特性进行了关联，在渲染时，在SketchUp中改动过的材质，在VRay中会自动更新并修改。

▶ 7.2.6 贴图

在反映材质的真实纹理时，各种材质都有其独特的纹样。因此，除了材质本身的折射、反射等参数外，还需要使用贴图才能表现材质效果。

（1）添加贴图

贴图通过以下方式来完成：在SketchUp中对模型指定材质，并对材质贴图进行调整，然后在VRay for SketchUp中将材质设置成关联材质，再进一步设定反射、折射参数。具体操作步骤如下。

①在SketchUp的菜单栏中选择材质命令，打开【材料】对话框。

②切换到【编辑】选项卡，在【使用纹理图像】复选框下方重新选择图片文件。

③在绘图区选中物体，单击鼠标右键，在弹出的快捷菜单中选择【纹理】/【位置】命令，对贴图的坐标进行修改。

④打开VRay for SketchUp的材质编辑器，然后对此材质进行反射、折射等各种参数的设置。

⑤使用VRay渲染器进行渲染，得到特定纹理材质的模型效果。

（2）在漫射中添加贴图

贴图还可以在VRay材质编辑器的【漫反射】卷展栏中直接添加，并可调整。此种方法只能够通过渲染观察效果，而无法在SketchUp中直接观察，具体操作步骤如下。

①在材质编辑器中新建VRay材质。在【漫反射】卷展栏中单击颜色按钮右边的M按钮，弹出VRay纹理编辑器。在【类型】下拉列表框中选择 "位图 "选项，然后单击 "文件"右边的M按钮，在弹出的对话框中选中材质贴图。

②根据需要对材质进行【反射】【折射】等参数设置后，将材质指定给模型。

③使用VRay渲染器进行渲染，得到特定纹理材质的模型效果。

渲染后，如需对材质进行调整，可以在【VRay纹理编辑器】对话框中的"UVW转换"栏中进行设置。其方法与3ds Max中的UVW贴图类似，可通过调整数值，调整材质贴图的大小尺寸。

（3）凹凸贴图

如果材质表面凹凸不平，如砖砌的墙面、布艺材质等，就需要在材质设置时对其表面的凹凸程度有一定表现。在VRay材质编辑器中，使用凹凸贴图，可使用图案的灰度来体现凹凸质感。在已有材质基础上使用同样图片的黑白图，进行两次贴图，渲染后在视觉上就会有凹凸的感觉，而达到材质的真实效果。具体操作步骤如下。

①在SketchUp中使用水的材质，打开VRay for SketchUp的材质编辑器，然后选中该材质【贴图】/【凹凸】复选框，并单击右边的M按钮，弹出纹理编辑器，如图7-26所示。

图7-26 凹凸选项栏

②在【类型】下拉列表框中选择【位图】选项。单击【文件】右边的M按钮，选择与材质完全相同并进行过灰度处理的图片。

③两张图的UVW坐标需要完全一致，否则无法重合。制作麻面石材、布艺等材质都可以使用这种方法来完成。

（4）置换贴图

置换贴图是一种为场景中的几何体增加细节的技术。他与凹凸贴图概念类似，但凹凸贴图只是表面图像的处理，而置换贴图则是通过设置和精确计算图案所描述的表面来改变物体的外观。置换贴图的渲染效果更加真实，但渲染时间相对会偏长。置换贴图的具体操作步骤如下。

①将物体指定贴图。在VRay材质编辑器的【贴图】卷展栏中勾选【置换】复选框，如图7-27所示。

图7-27 置换选项栏

②如图7-27所示，在【置换】卷展栏中对置换效果进行设置，只不过在卷展栏中的设置是针对整个模型文件的。【置换】卷展栏中包含"数量"、"边长度（像素）"、"最大细分"等功能，具体方法同3ds Max类似，在此不做讲述。

▶ 7.3.1 金属

制作金属材质应该分为两部分，一部分是材质自身的参数设置；另一部分是物体所处反射环境的营造。参数方面最重要的就是反射属性，对于反射环境，周围真实的环境可以给金属物体带来真实的反射效果；如果没有真实的物理环境，我们可以通过在环境通道加载HDRI贴图等手段来模拟真实环境。下面介绍实际中常见的金属材质的设置方法。

（1）钢材质

钢材质本身的固有色在效果中占的比例应该是微乎其微的，所以我们将材质漫反射层设置为RGB：70，70，70；其次，在反射层加入菲涅耳反射，模拟钢材表面反射的渐变效果，因为反射很强烈，我们将菲涅耳的颜色设置为灰色（225，225，225），将两个方向的菲涅耳IOR设置为16。

以下是一个标准的光亮钢材质，如图7-28、图7-29所示。

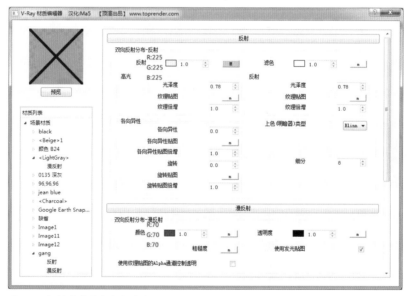

图7-28 钢材质漫反射颜色设置

图7-29 钢材质菲涅耳反射属性设置

有时候我们需要调节一些表面模糊的钢材质。根据我们前面讲到的材质面板的各个参数的涵义可知，我们应该降低"高光光泽度"和"反射光泽度"两个参数，以达到模糊的效果，如图7-30所示。

图7-30 反射高光光泽度及反射光泽度设置

可以看到，模糊效果是由两个较低的光泽度打造出来的。如果想让模糊反射的效果更加细腻，可以将反射的细分值设置为20。一个相对较高的参数，可以得到非常好的效果，当然也会增加渲染时间。

（2）铜、铝等其他金属材质的制作

铜、铝等其他金属材质可以从上面的方法延伸得到，当然，前面我们提到不同类型的金属材料的固有色和IOR反射值也是有区别的，铜、铝等材质与钢的区别除了表现在固有色上，同时还表现在菲涅耳反射程度上。

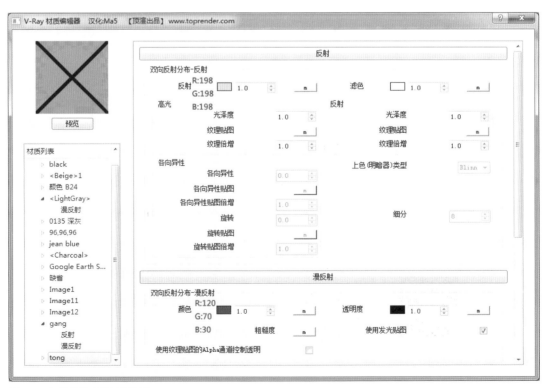

图7-31 铜材质漫反射颜色设置

如图7-31、图7-32及图7-33所示，我们将铜的漫反射层的颜色值设为（120，70，30）；将铝的漫反射层的颜色值设为（195，205，208）。菲涅耳参数设置的相对较小，因为过高的菲涅耳IOR值会让物体完全失去它的本身固有色，此时反映在物体上的就只有环境色了。举一反三，银、金、钛等金属材质都可以利用相同的方法来制作，这里就不再叙述了。

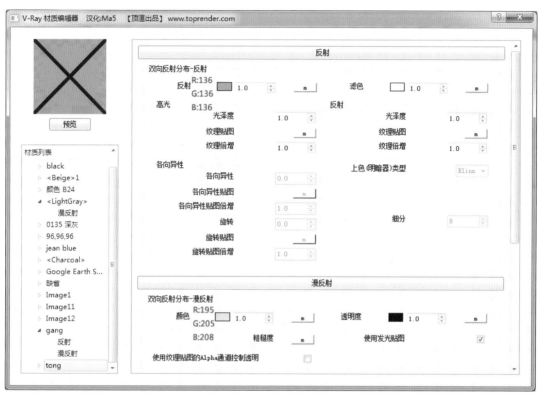

图7-32　铝材质漫反射颜色设置

图7-33　铜、铝材质菲涅耳反射属性设置

（3）拉丝金属的制作方法

　　拉丝金属是室内效果中常用的表现手段，它的基本属性和普通金属基本类似，区别主要体现在反射纹理上，制作拉丝效果之前，必须找一张合适的无缝贴图作为拉丝纹理，这个环节对"拉丝"质感的影响很大，拉丝金属的渲染效果和参数设置如图7-34所示。

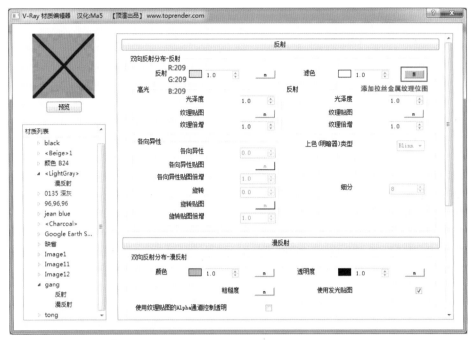

图7-34 拉丝金属材质参数设置

▶ 7.3.2 玻璃

玻璃同时拥有透明、反射、折射这三大属性。清玻的设置步骤如下。打开材质编辑器，创建清玻材质；设置漫反射透明度为全白，即完全透明；为清玻材质添加【反射】材质层，设置反射通道为【菲涅耳】反射，折射率保持默认的1.55即可。具体设置如图7-35所示。

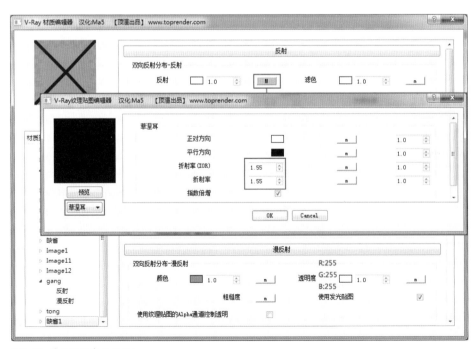

图7-35 清玻材质参数设置1

最后为清玻材质添加【折射】材质层，颜色保持默认的白色即可，具体设置如图7-36所示。

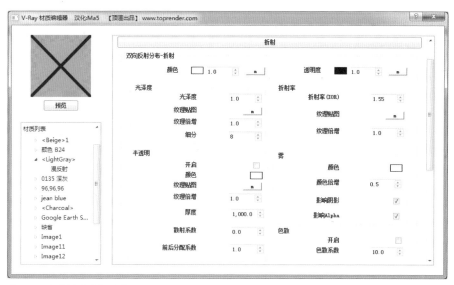

图7-36 清玻材质参数设置2

在实际应用中，有时候会用到有机玻璃、磨砂玻璃等材质，需要修改【折射光泽度】和【雾颜色】两个参数。需要注意的是，当漫反射层透明度为完全透明时，玻璃颜色不再受漫反射的颜色影响，而是直接由折射颜色和雾颜色所控制。

▶ 7.3.3 水

水面的设置方法与玻璃十分类似，甚至可以稍作修改后直接调用。

一般情况下，水的折射率为1.333左右，但折射效果并不是完全取决于此数值，水的深度也就是模型的厚度对折射效果的影响也是十分明显的，厚度越大，折射效果越明显。反之，如果增加水的折射率，从视觉上来看，可以让本身不是很"深"的水模型表现出更好的效果。在这个案例中，我们就将水的折射率增加到5，水的参数设置如图7-37、图7-38所示。

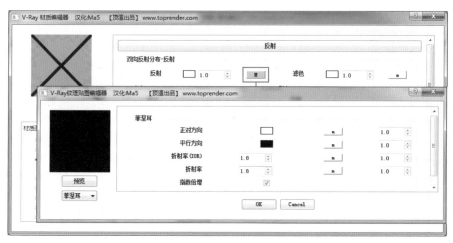

图7-37 水材质参数设置1

图7-38 水材质参数设置2

如果要模仿水面凹凸不平的波纹效果，可以加载一个凹凸效果。凹凸贴图中可以加载一张水面位图，也可以是VRay自带的【噪波】或【水】程序贴图，这两种程序贴图都可以产生同心波纹的黑白贴图，能够模拟出十分自然的水面或液体效果。水面的凹凸设置如图7-39所示。

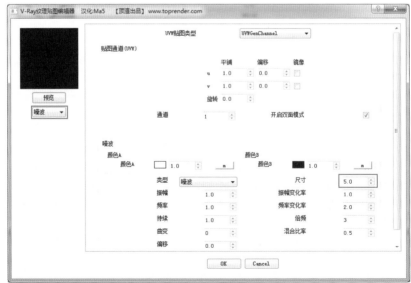

图7-39 水材质凹凸选项参数设置

▶ 7.3.4 塑料

塑料可分为硬塑料和软塑料，也可以分为光滑塑料和磨砂塑料。在制作中，我们大致按照表面属性的不同去制作。一是表面光滑、有反射、有高光的光滑塑料；二是表面颗粒状杂质，有模糊反射，高光微弱的磨砂塑料。

表面光滑的物体与反射是分不开的。我们只需激活反射层，使用菲涅耳反射类型，将菲涅耳颜色设为一个适当的灰度值，并采用塑料材质的普遍IOR值1.4。然后在漫反射层给出塑料的固有色就可以了。如图7-40所示是一个常见的黑色光滑塑料的样本。

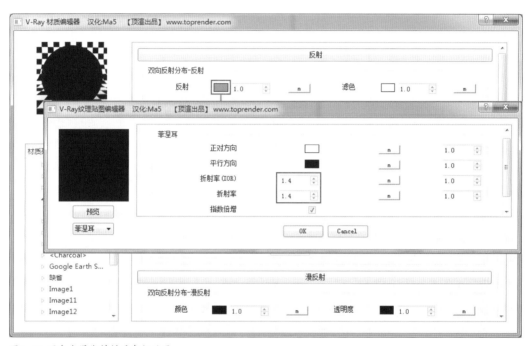

图7-40 黑色光滑塑料材质参数设置

磨砂塑料，需要降低【高光光泽度】，使得高光面积增大，柔滑原本强烈的高光。同时降低【反射光泽度】，使反射具有模糊效果。所以，在前面光滑塑料的基础上，将【高光光泽度】和【反射光泽度】都设为0.8，即得到一个磨砂塑料材质，如图7-41所示。

图7-41 黑色磨砂塑料材质参数设置

第7章 VRay for SketchUp材质详解

本章小结

VRay材质设置	漫反射、反射、菲涅耳、光泽度、凹凸、置换
VRay常用材质	金属、玻璃、水、塑料

拓展实训

参照本书配套光盘第7章的作业文件，设置控制面板的相关参数，分别创建场景中的模型材质，并回顾上一章的灯光创建知识点，创建灯光模型。拓展实训最终效果如图7-42所示。

图7-42 拓展实训最终效果参考

第 8 章 现代简约客厅效果表现

本章以SketchUp建模得到的简约客厅三维模型为对象，通过对场景模型的材质属性分析和灯光构成分析，运用VRay for SketchUp进行材质调整、灯光设定和渲染成图，最终完成现代简约客厅效果图的制作。

课堂学习目标：

1. 掌握计算机效果图绘制的基本流程及要点

2. 掌握计算机效果图的灯光构成及灯光的设置方法

3. 掌握计算机效果图的常见材质的构成及设置方法

4. 掌握测试渲染和最终渲染的参数设置方法

（1）整理模型

使用VRay for SketchUp对SketchUp中建模完成的模型进行渲染前需要做一定的整理。

首先，要删除多余的、未使用的设定，以减少文件大小，方便渲染。选择【窗口】/【场景信息】命令，在打开的【场景信息】对话框中选择【统计】选项，然后单击【清理未使用项】按钮，即可清除多余未使用的设定，如图8-1所示。

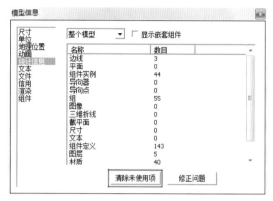

图8-1 清理未使用模型

其次，由于软件要求选择模型的正面，而不会识别其反面，因此在SketchUp中必须将模型的面进行统一。在SketchUp中，系统默认蓝色为反面，而灰色为正面。因此，模型中的蓝色面都需要反转成正面，将模型统一。（注意：关于面的正反统一，最好在建模过程中即每步中进行统一，完成后再进行统一面的工作会很繁琐。）

（2）渲染设置

进行材质设定、灯光设定之前，需要对VRay for SketchUp进行测试渲染参数的设定，尽可能的缩短测试渲染的时间，具体操作步骤如下。

①全局开关的设置。将【反射/折射】选项栏取消勾选；激活"材质覆盖"选项，并调整适当的灰度值（R:150，G:150，B:150），如图8-2、图8-3所示。

全局开关		
设置选项		

材质		光源			
反射/折射	☑	自布光源	☑	隐藏光源	☑
反射/折射深度	☑	缺省光源	☐	阴影	☑
最大深度	5	仅显示间接照明	☐		
最大透明级别	50	全局照明(GI)			
透明追踪阈值	0.001	不渲染图像			☐
		二次光线偏移		0.0	
纹理贴图	☑				
贴图过滤	☑	杂项			
光泽效果	☑	低线程优先权			☑
材质覆盖	☑	渲染聚焦			☑
覆盖材质颜色		显示进度窗口			☑

图8-2 全局开关设定

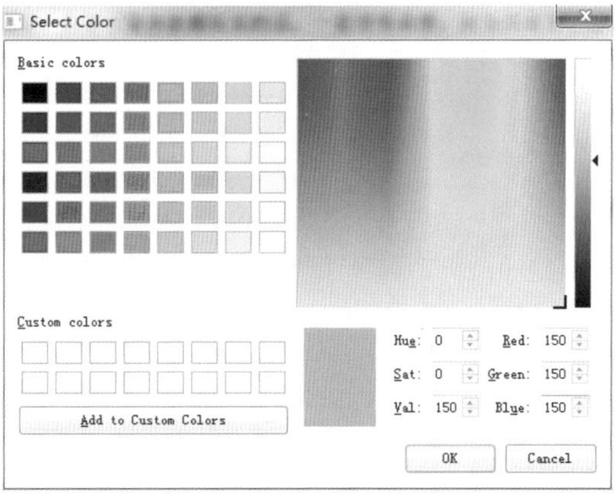

图8-3 覆盖材质颜色设定

②图像采样值设置。选择固定比率采样器，关闭抗锯齿过滤器，节省渲染时间，如图8-4所示。

图8-4 图像采样设置

③纯蒙特卡罗（DMC）采样器设置。最小样本提高为12，其他参数保持默认，以避免测试效果产生黑斑和噪点，如图8-5所示。

图8-5 纯蒙特卡罗（DMC）采样器设置

④颜色映射设置。颜色映射，即平常所说的曝光方式，它与场景的大小有很大关系。在类似本章案例的大空间进深的场景中采用"指数"或"HSV指数"曝光控制较为恰当，具体设置，如图8-6所示。

图8-6 颜色映射设置

⑤间接照明设置。"发光贴图"和"灯光缓存"需设置相对较低的参数，如图8-7、图8-8所示。

发光贴图

基本参数

最小比率	-3		最大比率	-1	颜色阀值	0.22
半球细分	50		采样	20	法线阀值	0.1
					距离阀值	0.1

基本选项

显示采样 □　　显示计算过程 ☑　　显示直接照明 □

细节增强

开启 □　　单位 屏幕 ▼　　范围半径 60.0　　细分倍增 0.3

图8-7 发光贴图设置

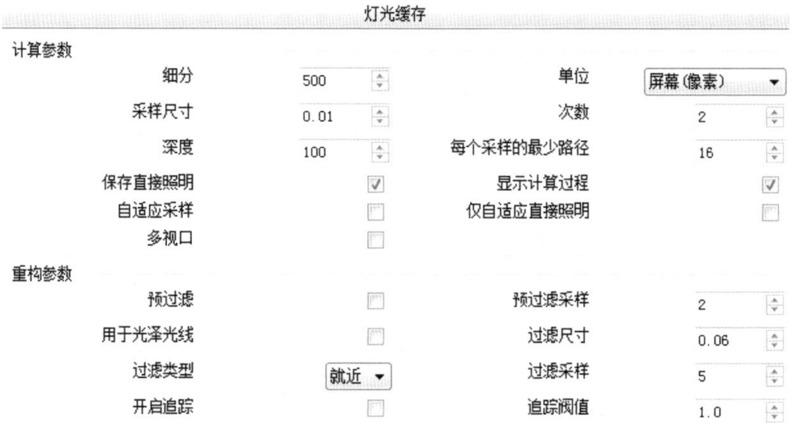

灯光缓存

计算参数

细分	500	单位	屏幕（像素） ▼
采样尺寸	0.01	次数	2
深度	100	每个采样的最少路径	16
保存直接照明	☑	显示计算过程	☑
自适应采样	□	仅自适应直接照明	□
多视口	□		

重构参数

预过滤	□	预过滤采样	2
用于光泽光线	□	过滤尺寸	0.06
过滤类型	就近 ▼	过滤采样	5
开启追踪	□	追踪阀值	1.0

图8-8 灯光缓存设置

148

8.2 灯光设定

运用VRay for SketchUp插件进行渲染，分为材质赋予和灯光设定两大部分。灯光的设定分为设定渲染环境和设定补光灯两部分。

（1）在"渲染设置"面板的【环境】卷展栏中，勾选【全局光颜色】及【背景颜色】复选框，倍增值设置为1，使场景的亮度符合日光亮度，如图8-9所示。

SketchUp

环境

环境设置

☑ 全局光颜色 □ 1.0　　　M　　　□ 反射颜色 ■ 1.0　　m

☑ 背景颜色 ■ 1.0　　　M　　　□ 折射颜色 ■ 1.0　　m

图8-9 【环境】卷展栏参数设置

渲染效果如图
8-10所示。

图8-10 渲染效果1

（2）在客厅天花位置创建一个光域网光源，运用比例工具调整光源大小，运用移动工具移动光源位置，如图8-11所示。调整参数如下：调整灯光颜色为暖色调的黄色；亮度设置为80；勾选阴影选项，使光源对场景产生阴影作用；细分值设置为24；其他参数保持默认，如图8-12所示。

图8-11 创建矩形灯光

图8-12 矩形灯光参数设置

（3）按照场景中灯光的位置复制上一步创建的光域网模型，如图8-13所示。

（4）继续复制光域网文件，如图8-14所示。

图8-13 复制光域网光源1

图8-14 复制光域网光源2

分析场景中光源的冷暖关系，由于室外光源以冷色为主，使得筒灯从靠近阳台位置到室内内部呈现逐步变暖的规律。调整相关的光域网光源的颜色，使之符合正常的光照规律。渲染效果如图8-15所示。

图8-15　渲染效果2

（5）布光时，应以烘托画面主体为目标，接下来运用光域网光源创建客厅吊灯和餐厅吊灯的光源效果。如图8-16、图8-17所示。

图8-16　创建灯光

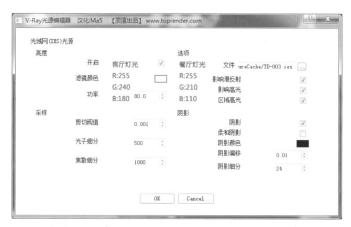

图8-17　光域网光源参数设置

（6）分别在客厅及餐厅灯槽处创建矩形光源，尺寸同灯槽大小接近，矩形光源正面向上，并向上移动矩形光源使其离开灯槽模型1mm，这样能够充分发挥光源效果。分别调整矩形光源的参数，如图8-18、图8-19所示。

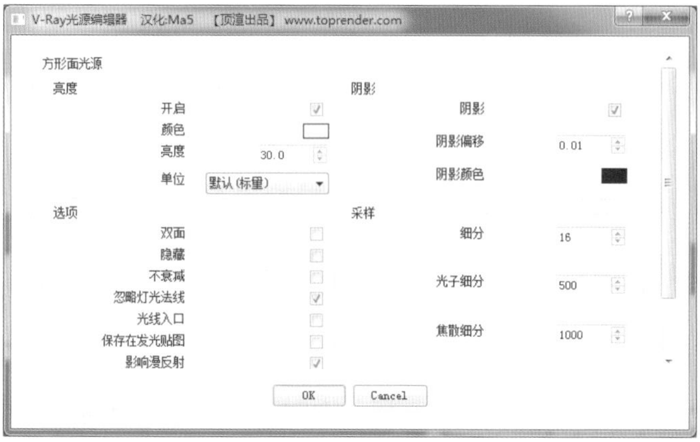

图8-18　客厅灯槽参数设置

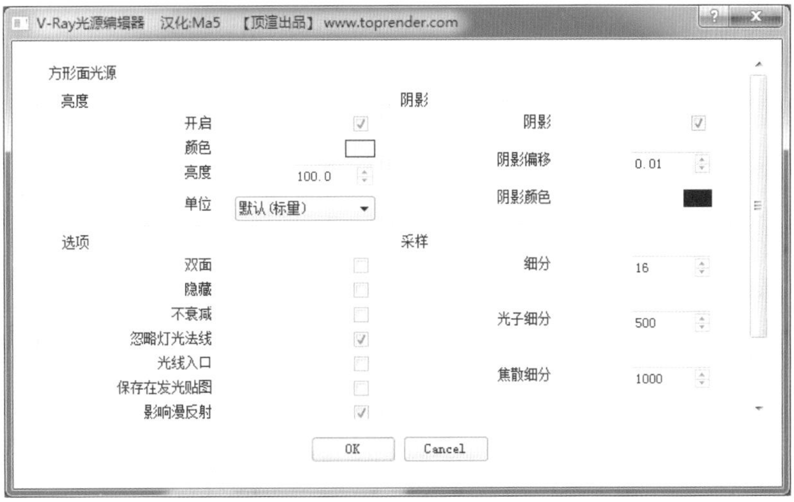

图8-19 餐厅灯槽参数设置

至此，灯光设置初步完毕，场景中大的效果已经显现出来，如图8-20所示。灯光细节部分，会在材质设置完毕后做进一步微调。

图8-20 测试渲染效果

8.3 材质设定

材质设定对渲染效果至关重要。该任务除对SketchUp中的原有材质进行关联外，还需要对各种材质贴图进行选择，并且设定其折射、反射、光泽度等参数。

调整材质前，应将【渲染设置】面板【全局开关】卷展栏【材质覆盖】选项取消勾选，并激活【折射/反射】选项。材质设定的顺序一般采用先主后次进行设定，如先设定地面、墙面等对场景影响较大的材质，然后再对其他细节材质进行设定。

（1）木纹石地板材质

①在SketchUp自带材质编辑器中新建材质，命名为"木纹石"，并为材质添加石材贴图。按设计要求调整坐标大小，将材质指定给场景模型。

②打开VRay材质编辑器，为石材材质添加反射属性。激活反射层，将反射类型设置为"菲涅耳"反射，将高光光泽度和反射光泽度调整为0.85，使木纹石材质高光及反射效果相对柔和，具体设置如图8-21所示。

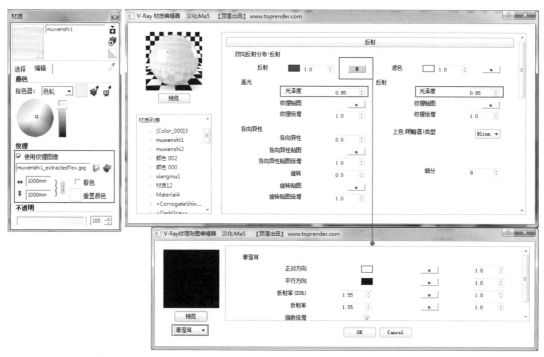

图8-21 木纹石地板材质设置参数

（2）橡木材质

①在SketchUp自带材质编辑器中新建材质，命名为"橡木"，并为材质添加木材质贴图。按设计要求调整坐标大小，将材质指定给场景模型。

②打开VRay材质编辑器，为木材质添加反射属性。激活反射层，将反射类型设置为"菲涅耳"反射，将高光光泽度和反射光泽度调整为0.85，使橡木材质高光及反射效果相对柔和，具体设置如图8-22所示。

（3）皮革材质

①在SketchUp自带材质编辑器中新建材质，命名为"皮革"，并为材质添加皮革贴图。按设计要求调整坐标大小，将材质指定给场景模型。

②打开VRay材质编辑器，为皮革材质添加反射属性。激活反射层，将反射类型设置为"菲涅耳"反射，将高光光泽度和反射光泽度调整为0.75和0.65，使皮革材质高光及反射效果相对柔和，具体设置如图8-23所示。

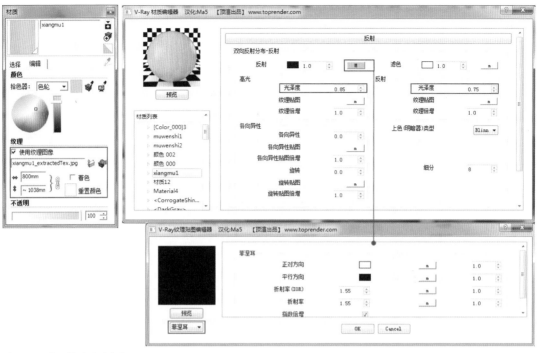

图8-22 墙纸材质设置参数

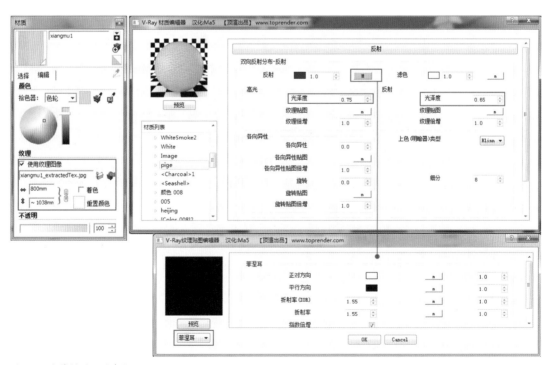

图8-23 皮革材质设置参数1

③打开VRay材质编辑器，为皮革材质添加凹凸属性，具体设置如图8-24所示。

图8-24 皮革材质设置参数2

（4）沙发布艺材质

①在SketchUp自带材质编辑器中新建材质，命名为"沙发布艺"，并为材质添加布艺材质贴图。按设计要求调整坐标大小，将材质指定给场景模型。

②打开VRay材质编辑器，为沙发布艺材质添加反射属性。激活反射层，将高光光泽度和反射光泽度调整为0.5，使布艺材质高光比较柔和。为沙发布艺材质添加凹凸属性，添加黑白凹凸贴图，凹凸数值设置为1，具体设置如图8-25所示。

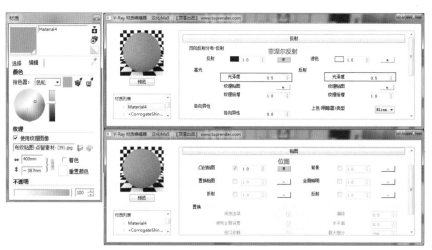

图8-25 沙发布艺材质设置参数

至此，场景中的主要材质创建完毕。接下来继续创建挂画、植物、金属等辅助材质，参数设置请参考本书配套光盘"第8章 现代简约客厅效果表现"章节模型。

8.4 VRay渲染出图

材质与灯光设置完毕后，需要对场景进行最终的渲染设置，以提升效果图的最终渲染质量，提升场景模型的细节表现力，具体操作布置如下。

（1）打开VRay渲染设置面板，调整环境卷展栏阴影细分选项，将数值调成24，使模型阴影更加细腻，如图8-26所示。

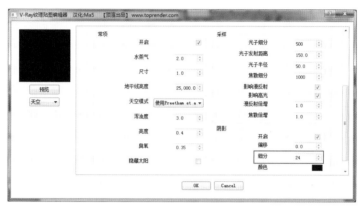

图8-26 最终渲染参数设置

（2）打开【图像采样器】卷展栏，调整类型为“自适应纯蒙特卡罗”，并将最大比率设置为12，提高细节区域的采样。激活抗锯齿过滤器，选择常用的“Catmull-Rom”过滤器，如图8-27所示。

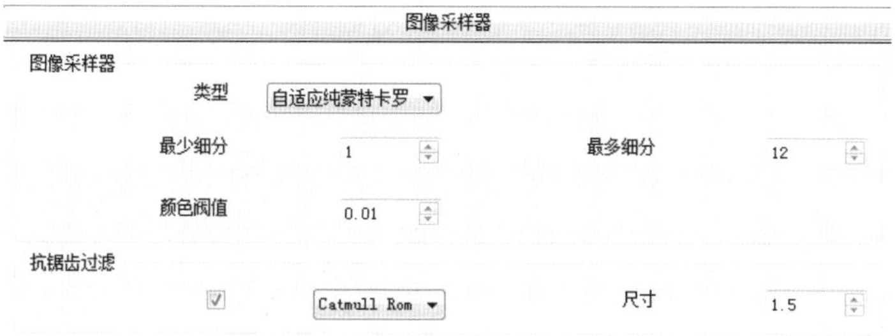

图8-27 最终渲染参数设置

（3）打开【纯蒙特卡罗】卷展栏，调整最终渲染效果图的全局参数，通过调整噪波值减少画面噪波效果，调整最小采样值为12，如图8-28所示。

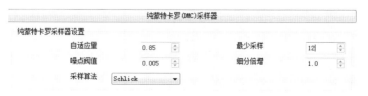

图8-28 最终渲染参数设置

（4）打开【发光贴图】卷展栏，调整最小比率为–3，最大比率为–1，半球细分55，采样值30，颜色阀值为0.22，具体参数如图8-29所示。

发光贴图

基本参数

最小比率	-3	最大比率	-1	颜色阀值	0.22
半球细分	55	采样	30	法线阀值	0.1
				距离阀值	0.1

图8-29 最终渲染参数设置

（5）打开【灯光缓存】卷展栏，调整细分值为1500，采样尺寸为0.01，具体参数如图8-30所示。

灯光缓存

计算参数

细分	1500	单位	屏幕（像素）
采样尺寸	0.01	次数	2
深度	100	每个采样的最少路径	16
保存直接照明	☑	显示计算过程	☑
自适应采样	☐	仅自适应直接照明	☐
多视口	☐		

图8-30 最终渲染参数设置

设置完渲染参数后，对场景模型进行渲染，得到最终效果图如图8-31所示。

图8-31 最终渲染效果图

本章小结

现代简约客厅效果图表现	分析场景中的光源构成，进行VRay灯光的创建，并调整画面的明暗关系和冷暖关系。→分析场景中的材质构成，进行材质主次分析、色彩构成分析，并运用材质编辑器进行材质属性的调整。→渲染设置，理解测试渲染与最终渲染的区别，能够熟练掌握渲染参数的选项设置。

拓展实训

参照本书配套光盘第8章的拓展实训文件，打开渲染文件夹里面的"源文件"模型，参照"效果文件"模型，设置渲染面板的参数，分别创建场景中的灯光与材质，最终完成光盘文件中的渲染效果，如图8-32所示。

图8-32 拓展实训最终效果参考

第 9 章 日景餐厅效果表现

本章以SketchUp建模得到的三维模型为对象,运用VRay for SketchUp进行材质调整、灯光设定和渲染成图,然后经过Photoshop的后期调整最终完成餐厅效果图。

课堂学习目标:

1. 掌握计算机效果图绘制的基本流程及要点
2. 掌握计算机效果图的灯光构成及灯光的设置方法
3. 掌握计算机效果图的常见材质的构成及设置方法
4. 掌握测试渲染和最终渲染的参数设置方法

（1）整理模型

使用VRay for SketchUp对SketchUp中建模完成的模型进行渲染前，需要做一定的整理。要删除多余的、未使用的设定，以减少文件长度，方便渲染。选择【窗口】/【模型信息】命令，在打开的【模型信息】对话框中选择【统计】选项，然后单击【清理未使用项】按钮，即可清除多余未使用的设定，如图9-1所示。

图9-1 清理未使用模型

159

（2）确定构图

构图的好坏直接影响到效果图的成败。一个场景需要怎样的构图、需要几个视图都是由场景本身的大小来决定的。尽量将设计重点放在视觉中心位置，并且构图关系要把握准确，一定要注意画面的虚实、远近、大小、色彩的对比关系。

单击🔍命令，在状态栏输入视角角度为54°，然后结合✐工具进行画面构图的调整。如图9-2为简约风格餐厅的画面构图。

图9-2 画面构图

（3）渲染设置

进行材质设定、灯光设定之前，需要对VRay for SketchUp进行测试渲染参数的设定，尽可能的缩短测试渲染的时间，具体操作步骤如下。

①全局开关的设置。将【反射/折射】选项栏取消勾选；激活【材质覆盖】选项，并调整适当的灰度值（R:150，G:150，B:150），如图9-3所示。

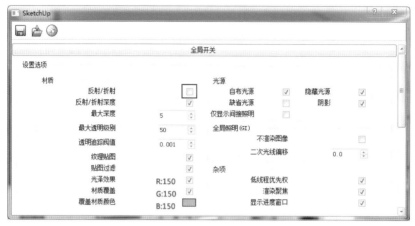

图9-3 全局开关设定

②图像采样值设置。选择固定比率采样器，关闭抗锯齿过滤器，节省渲染时间，如图9-4所示。

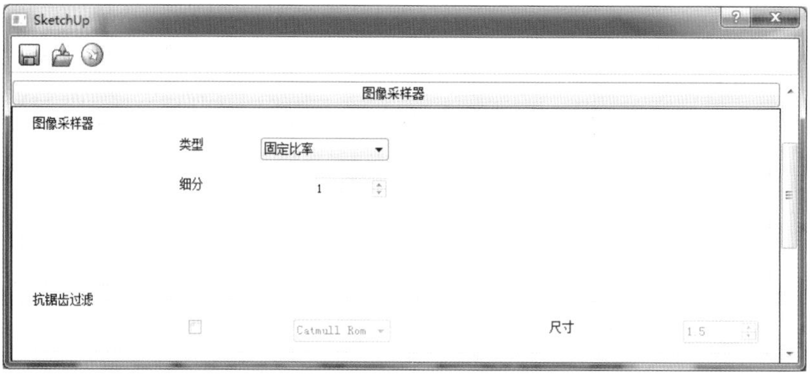

图9-4 图像采样设置

③纯蒙特卡罗（DMC）采样器设置。最小样本提高为12，其他参数保持默认，以避免测试效果产生黑斑和噪点，如图9-5所示。

图9-5 纯蒙特卡罗（DMC）采样器设置

④颜色映射设置。颜色映射，即平常所说的曝光方式，他与场景的大小有很大关系。类似本章案例的大空间进深的场景采用"指数"或"HSV指数"曝光控制较为恰当，具体设置，如图9-6所示。

图9-6 颜色映射设置

⑤间接照明设置。【发光贴图】和【灯光缓存】需设置相对较低的参数，如图9-7、图9-8所示。

图9-7 发光贴图设置

图9-8 灯光缓存设置

⑥输出设置。将输出尺寸设定为600×375，图像长宽比设为1：6，如图9-9所示。

图9-9 渲染尺寸设置

运用VRay for SketchUp 插件进行渲染，分为材质赋予和灯光设定两大部分。灯光的设定分为设定渲染环境和设定补光灯两部分。

（1）在"渲染设置"面板的【环境】卷展栏中，勾选【全局光颜色】及【背景颜色】复选框，将背景颜色倍增值设置为2，使场景的亮度符合日光亮度，如图9-10所示。

图9-10 【环境】卷展栏参数设置

（2）在生活阳台入口处创建一个矩形光源，如图9-11所示。调整参数如下：调整灯光颜色为冷色调的蓝色；亮度设置为70；勾选阴影选项，使光源对场景产生阴影作用；细分值设置为16；其他参数保持默认。如图9-12所示。

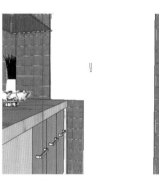

图9-11 创建矩形光源

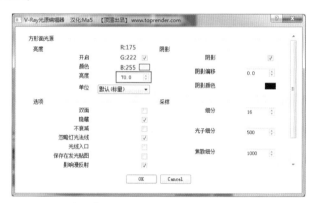

图9-12 矩形光源参数设置

（3）创建辅助矩形光源，位置如图9-13所示。调整参数如下：调整灯光颜色为冷色调的蓝色；亮度设置为70；勾选阴影选项，使光源对场景产生阴影作用；细分值设置为16；其他参数保持默认。如图9-14所示。

图9-13 创建矩形辅助光源

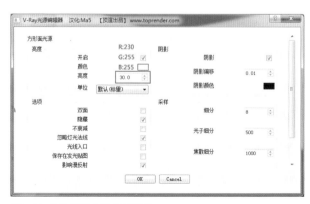

图9-14 辅助矩形光源参数设置

（4）创建一个光域网光源，位置如图9-15所示。运用比例工具调整光源大小，运用移动工具移动光源位置。调整参数如下：调整灯光颜色为暖色调的黄色；亮度设置为60；勾选阴影选项，使光源对场景产生阴影作用；细分值设置为24；其他参数保持默认。如图9-16所示。

图9-15　创建光域网光源

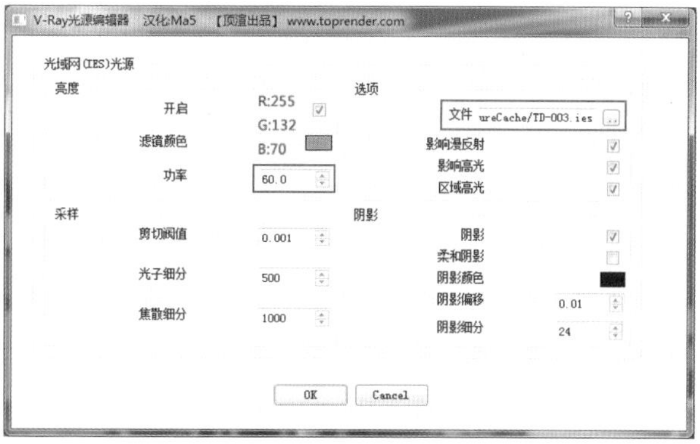

图9-16　光域网光源参数设置

（5）复制光域网文件，位置如图9-17所示。调整参数如图9-18所示。

图9-17　复制光域网光源

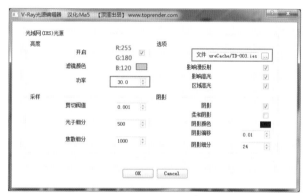

图9-18　光域网光源参数设置

（6）布光时，应以烘托画面主体为目标，接下来运用光域网光源创建餐厅吊灯的光源效果。如图9-19、图9-20所示。

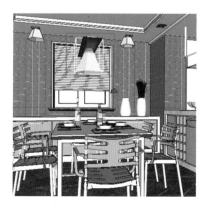

图9-19　复制光域网光源

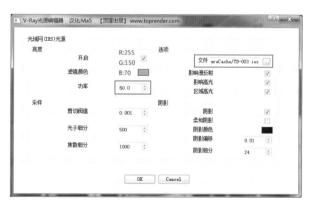

图9-20　光域网光源参数设置

至此，灯光设置初步完成，场景中大的效果已经显现出来，如图9-21所示。灯光细节部分，会在材质设置完毕后做进一步微调。

图9-21 测试渲染效果

9.3 材质设定

材质设定对渲染效果至关重要。该任务除对SketchUp中的原有材质进行关联外，还需要对各种材质贴图进行选择，并且设定其折射、反射、光泽度等参数。

调整材质前，应将【渲染设置】面板、【全局开关】卷展栏、【材质覆盖】选项取消勾选，并激活【折射/反射】选项。材质设定的顺序一般采用先主后次进行设定，如先设定地面、墙面等对场景影响较大的材质，然后再对其他细节材质进行设定。

（1）黑色石材地板材质

①在SketchUp自带材质编辑器中新建材质，命名为"石材地板"，并为材质添加黑色石材贴图。按设计要求调整坐标大小，将材质指定给场景模型。

②打开VRay材质编辑器，为石材材质添加反射属性。激活反射层，将反射类型设置为"菲涅耳"反射，将高光光泽度和反射光泽度调整为0.85，使石材地板材质高光及反射效果相对柔和，具体设置如图9-22所示。

图9-22 黑色石材地板材质设置参数

（2）木材质

①在SketchUp自带材质编辑器中新建材质，命名为"木材质"，并为材质添加木材质贴图。按设计要求调整坐标大小，将材质指定给场景模型。

②打开VRay材质编辑器，为木材质添加反射属性。激活反射层，将反射类型设置为"菲涅耳"反射，将高光光泽度和反射光泽度调整为0.75，使木地板材质高光及反射效果相对柔和，具体设置如图9-23所示。

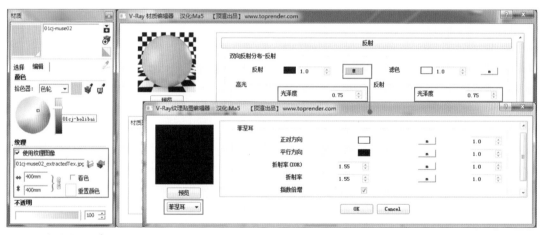

图9-23 木材质设置参数

（3）墙纸材质

①在SketchUp自带材质编辑器中新建材质，命名为"墙纸"，并为材质添加材质贴图。按设计要求调整坐标大小，将材质指定给场景模型。

②打开VRay材质编辑器，为墙纸材质添加反射属性。激活反射层，将反射类型设置为"菲涅耳"反射，将高光光泽度和反射光泽度调整为0.55，使墙纸材质高光及反射效果相对柔和。

③打开VRay材质编辑器，为墙纸材质添加凹凸属性，具体设置如图9-24所示。

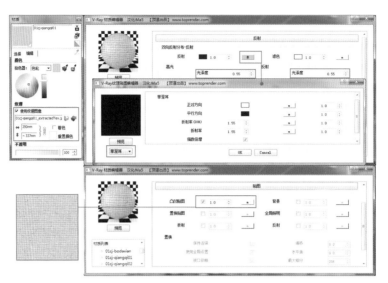

图9-24 墙纸材质设置参数

（4）黑色瓷砖材质

①在SketchUp自带材质编辑器中新建材质，命名为"黑色瓷砖"，并为材质添加黑色瓷砖贴图。按设计要求调整坐标大小，将材质指定给场景模型。

②打开VRay材质编辑器，为石材材质添加反射属性。激活反射层，将反射类型设置为"菲涅耳"反射，将高光光泽度和反射光泽度调整为0.65，使石材地板材质高光及反射效果相对柔和。

③打开VRay材质编辑器，为黑色瓷砖材质添加凹凸属性，具体设置如图9-25所示。

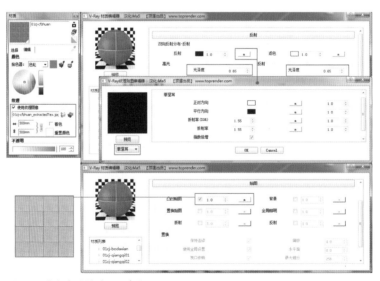

图9-25 沙发布艺材质设置参数

至此，场景中的主要材质创建完毕。接下来继续创建挂画、植物、金属等辅助材质，参数设置请参考本书配套光盘"第9章 日景餐厅效果表现"章节模型。

材质与灯光设置完毕后，需要对场景进行最终的渲染设置，以提升效果图的最终渲染质量，提升场景模型的细节表现力，具体操作布置如下。

（1）打开VRay渲染设置面板，调整环境卷展栏阴影细分选项，将数值调成24，使模型阴影更加细腻，如图9-26所示。

图9-26 最终渲染参数设置

（2）打开【图像采样器】卷展栏，调整类型为"自适应纯蒙特卡罗"，并将最大比率设置为12，提高细节区域的采样；激活抗锯齿过滤器，选择常用的"Catmull-Rom"过滤器，如图9-27所示。

图像采样器			
图像采样器			
类型	自适应纯蒙特卡罗 ▼		
最少细分	1	最多细分	12
颜色阀值	0.01		
抗锯齿过滤			
	✓ Catmull Rom ▼	尺寸	1.5

图9-27 最终渲染参数设置

（3）打开【纯蒙特卡罗】卷展栏，调整最终渲染效果图的全局参数，通过调整噪波值减少画面噪波效果，调整最小采样值为12，如图9-28所示。

纯蒙特卡罗(DMC)采样器			
纯蒙特卡罗采样器设置			
自适应量	0.85	最少采样	12
噪点阀值	0.005	细分倍增	1.0
采样算法	Schlick ▼		

图9-28 最终渲染参数设置

（4）打开【发光贴图】卷展栏，调整最小比率为–3，最大比率为–1，半球细分为55，采样值为30，颜色阀值为0.22，具体参数如图9–29所示。

发光贴图

基本参数

最小比率	–3		最大比率	–1		颜色阀值	0.22
半球细分	55		采样	30		法线阀值	0.1
						距离阀值	0.1

图9-29 最终渲染参数设置

（5）打开【灯光缓存】卷展栏，调整细分值为1500，采样尺寸为0.01，具体参数如图9–30所示。

灯光缓存

计算参数

细分	1500	单位	屏幕（像素）	
采样尺寸	0.01	次数	2	
深度	100	每个采样的最少路径	16	
保存直接照明	✓	显示计算过程	✓	
自适应采样	☐	仅自适应直接照明	☐	
多视口	☐			

图9-30 最终渲染参数设置

设置完渲染参数后，对场景模型进行渲染，得到最终渲染效果图，如图9–31所示。

图9-31 最终渲染效果图

本章小结

日景餐厅效果图表现	分析场景中的光源构成，进行VRay灯光的创建，并调整画面的明暗关系和冷暖关系。→分析场景中的材质构成，进行材质主次分析、色彩构成分析，并运用材质编辑器进行材质属性的调整。→渲染设置，理解测试渲染与最终渲染的区别，能够熟练掌握渲染参数的选项设置。

拓展实训

参照本书配套光盘第9章的拓展实训文件，打开渲染文件夹里面的"源文件"模型，参照"效果文件"模型，设置渲染面板的参数，分别创建场景中的灯光与材质，最终完成光盘文件中的渲染效果，如图9-32所示。

图9-32 拓展实训最终效果参考

第10章 优秀作品欣赏

本章列举SketchUp+VRay计算机效果图的优秀项目案例和学生优秀作品，供学员进行鉴赏与参考；力图提升大家对计算机效果图的构图、材质、灯光等设计要素的正确思考能力。

课堂学习目标：

① 具备对计算机效果图的鉴赏读图能力

② 对场景构图、材质、灯光等要素有正确的思考能力

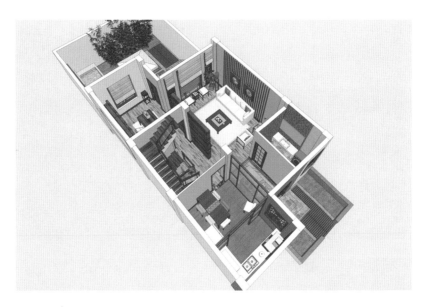

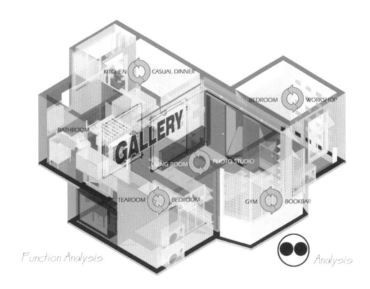

Function Analysis

Analysis

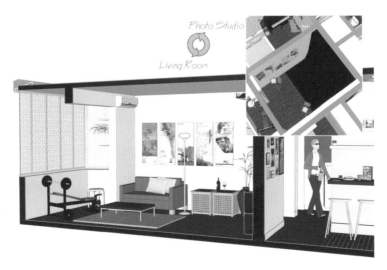

Photo Studio

Living Room

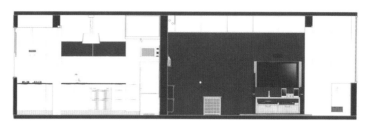

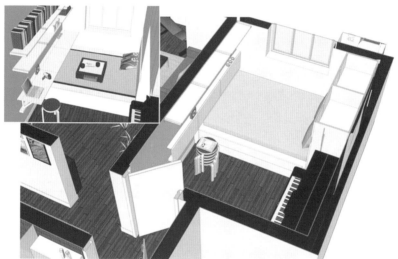

Main Bedroom

Tea Room

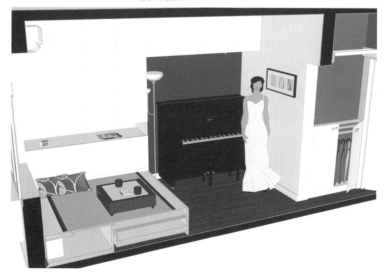

10.3 现代风格样板间设计方案

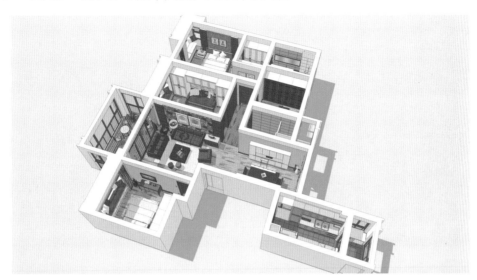